NOUVEAU

SYSTÈME D'ENTRETIEN

DES ROUTES

ET

DES CHEMINS VICINAUX.

STRASBOURG, IMPRIMERIE DE F. G. LEVRAULT,
RUE DES JUIFS, N.° 33.

NOUVEAU
SYSTÈME D'ENTRETIEN
DES
ROUTES
ET DES
CHEMINS VICINAUX;

PAR J. GRASS,
ARCHITECTE.

« Une année après la mise en pratique de
« mon système, il n'y aurait plus une ornière
« en France, avec une économie de 25 pour
« cent sur les routes à l'état d'entretien. »

(Page 2 de cet ouvrage.)

STRASBOURG,
Chez F. G. LEVRAULT, LIBRAIRE, rue des Juifs, n.º 33.

PARIS,
Même Maison, rue de la Harpe, n.º 81.
1832.

NOUVEAU SYSTÈME

D'ENTRETIEN

DES ROUTES ET DES CHEMINS VICINAUX.

AVANT-PROPOS.

Tout le monde s'accorde à reconnaître que les routes sont le premier besoin d'un État policé.

On a écrit beaucoup de volumes plus ou moins savans sur cet objet si important ; cependant ces recherches n'ont pas encore beaucoup amélioré les routes, car les plaintes contre leur mauvais état sont générales. Il faut convenir cependant qu'elles sont sensiblement améliorées ; mais il est certain qu'il reste encore beaucoup à faire, surtout parce qu'on devient plus exigeant, et que la marche des perfectionnemens doit toujours être progressive.

Ce n'est donc pas pour jeter dans le public un volume de plus que je viens m'occuper des routes, mais parce que je crois avoir découvert des moyens infaillibles d'arriver promptement à ce résultat tant désiré, l'état parfait ou au moins satisfaisant des routes, sans demander des augmentations d'allocations de fonds, et que je pense, au contraire, qu'il y a des probabilités d'économies pour le présent et qu'elles sont certaines pour l'avenir. J'ai la conviction qu'avec mon système les routes à l'état d'entretien coûteront 25 pour cent de moins, et que celles à réparer seront mises à l'état d'entretien sans coûter plus qu'elles ne coûtent à présent, où l'on empêche à peine leur ruine totale.

Cette conviction me fait croire à l'heureuse solution d'un problème qui a occupé tant de savans ; solution qui indique, selon moi, qu'*une année après la mise en pratique de mon système, il n'y aurait plus une ornière en France, avec une économie de 25 pour cent sur les routes à l'état d'entretien* ; que cette économie, appliquée aux traversées des villages, offrirait la certitude que dans peu d'années les routes de France seraient parfaites sur tous les points ; qu'en appliquant le même système aux chemins vicinaux, le résultat serait tout aussi certain.

Je dois avertir que, quoique je sois forcé de combattre souvent l'administration et le corps des ponts et chaussées, il n'est personne qui soit plus porté à rendre justice à ses lumières, ses intentions, ses soins et son intégrité. Je suis même persuadé que, malgré son esprit de corps et son éloignement pour ce qui ne vient pas d'elle, cette administration

adopterait cependant les améliorations qui lui seraient démontrées.

Mon système ne présente pas seulement des avantages d'économie et d'amélioration, mais il offre
aussi la solution d'un problème d'administration
des plus intéressans, en fixant définitivement le
chiffre nécessaire à cet objet, et en éloignant ces
controverses éternelles entre ceux qui emploient les
fonds et ceux qui les autorisent.

CHAPITRE PREMIER.

Considérations générales.

Nous poserons en principe que le premier besoin d'un État civilisé consiste dans des communications faciles.

Le Gouvernement doit aux citoyens de bonnes routes, parce qu'il perçoit un impôt sur le sel, qui a remplacé les péages ou barrières d'odieuse mémoire.

Il les doit encore dans son intérêt, qui dans un Gouvernement représentatif est intimement lié à l'intérêt individuel. Cette heureuse alliance entre le Gouvernement et les citoyens doit donc faire porter l'attention sur les premiers besoins de la société, qui sont les communications.

Ainsi le Gouvernement manque à sa mission, s'il n'entretient constamment les routes en bon état.

Il doit les tenir en bon état, mais aux moindres frais possibles, puisqu'enfin ils sont prélevés sur l'argent des contribuables.

Le Gouvernement est donc responsable du bon état des routes. Or, cette responsabilité doit être complète pour tous les citoyens. Cependant où se trouve-t-elle, soit en théorie, soit en pratique?

Le Gouvernement entretient une administration des ponts et chaussées qui est payée par des appointemens fixes, des gratifications et des frais de bureaux. Mais le citoyen qui se trouve lésé par le mauvais état des routes, par un accident occasioné par une fausse manœuvre d'un des agens de l'administration, qui lui paiera le dommage? Personne. L'agent en est quitte pour des reproches, et le citoyen qui a souffert est frustré.

Le besoin de responsabilité, en ce qui concerne l'entretien des routes, est généralement senti. Tous ceux qui ont écrit sur la matière, l'ont cherchée, ont indiqué divers moyens de l'obtenir, sans qu'il s'en trouve un de praticable. La raison en est que tous ces auteurs n'ont point posé de base pour asseoir cette responsabilité. Il semble cependant tout simple de poser la question ainsi :

« Une responsabilité pécuniaire peut-elle reposer « sur celui qui n'a pas d'intérêt pécuniaire au plus « ou moins bon état des routes? »

La négative n'est pas douteuse; car autrement un employé de l'administration pourrait être réduit à la mendicité.

Il est donc évident que celui qui a des chances de perte, doit avoir des chances de bénéfice. Or, ces conditions ne se trouvent dans aucun employé de l'administration; donc il est impossible d'y trouver cette responsabilité si nécessaire : il faut donc la chercher ailleurs. [1]

Mais ce n'est pas seulement pour le public qu'il y a . manque de garantie dans le système actuel, l'administration elle-même en est dépourvue.

En effet,

Le cantonnier y échappe par des excuses et des subterfuges de toutes espèces.

Le conducteur est forcé de les admettre.

L'ingénieur se rejette sur l'insuffisance des fonds.

L'ingénieur en chef demande des sommes au-dessus de la nécessité, sachant qu'on n'accorde qu'une partie des demandes.

Le directeur général enfin demande 200 millions !

Jusqu'au moment où les 200 millions seront accordés, l'administration ne se croit pas responsable.

Ainsi il n'y a de responsabilité nulle part et d'aucune espèce.

C'est donc cet état de choses qu'il faut faire cesser, si on veut cesser d'avoir de mauvaises routes.

Ainsi c'est vers un système présentant une responsabilité réelle, et envers l'administration et envers le public, qu'il s'agit de diriger les recherches. C'est là le but de cet ouvrage.

---

[1] Voir chapitre VIII.

Dans cette recherche, et dans le système que nous établirons, nous aurons toujours en vue ce principe, que c'est par l'intérêt qu'il faut conduire les hommes dans l'industrie et dans les améliorations; qu'ainsi il faut établir un moyen de favoriser l'industrie et l'activité.

Nous partirons donc de ce point, que la responsabilité morale doit peser sur ceux qui n'ont pas de chances de bénéfice, et la responsabilité pécuniaire sur ceux qui courent ces chances.

Nous chercherons à détruire des illusions funestes, et qui le sont d'autant plus qu'elles existent ou qu'elles se propagent de plus haut. L'homme peut vivre d'illusions; mais pour les Gouvernemens elles sont un poison mortel.

CHAPITRE II.

Système actuel; ses inconvéniens.

Les points sur lesquels tout le monde est d'accord, concernant l'entretien des routes, sont,

1.° Que le bon entretien des routes apporte dans les frais une diminution notable[1];

2.° Que la dégradation des routes provient principalement du choc des roues, de l'action de la pluie et de celle de la gelée;

3.° Que l'effet de ces trois causes est nécessairement proportionnel à l'état des chaussées et des accotemens.

Ces trois points, dont M. le directeur général, dans sa Statistique des routes royales de 1824, a démontré la vérité, serviront de base à la démonstration de mon système.

Examinons donc comment l'administration, par son système d'entretien, agit pour détruire les causes destructives du bon état des routes.

Dans le système actuel on entretient les routes au moyen de matériaux qui sont fournis par des

---

1 Voir à la fin la note *A.*

entrepreneurs suivant des adjudications passées pour une ou plusieurs années.

Les demandes pour l'année se font après l'arrivée des budgets. Ces demandes s'établissent sur les notes prises long-temps avant, de manière qu'il en résulte,

1.º Inégalité de l'entretien, par la raison que les fournitures de matériaux ne peuvent se distribuer que suivant les besoins présumés, dont l'appréciation ne peut se faire exactement.

2.º Il en résulte que des matériaux restent déposés pendant long-temps, même plusieurs années, gênant la circulation, tandis que d'autres parties de routes sont en mauvais état, et dégradées à un point extrême par le manque de matériaux, en même temps que ceux déposés ailleurs nuisent aussi, parce qu'ils forment des inégalités qui produisent des chocs. On peut remarquer facilement qu'à côté de chaque tas de matériaux restés quelque temps, il se forme des inégalités plus ou moins fortes ; ce qui est tout naturel, puisque la circulation finit par étendre en partie les matériaux ; les roues passent dessus, et en descendant les chocs produisent des flaches.

3.º Les fournitures de matériaux ne pouvant se faire qu'à la fois pour les besoins de l'année, il en résulte un encombrement qui gêne la circulation, nuit à l'écoulement des eaux, rend la route impraticable sur la partie qui a servi de dépôt, puisque tout terrain non battu s'amollit par l'action de l'air et de l'humidité, produisant alors des herbes, qui rendent bientôt mous les terrains les plus pierreux.

4.° Le cassage et l'emmétrage sur les routes gênent la circulation, surtout pour les piétons.

5.° Le dépôt des matériaux sur les accotemens enlève à la circulation une grande partie des routes; pour celles bien entretenues, les deux côtés sont pour ainsi dire toujours occupés par les matériaux, puisqu'on doit conserver une partie de l'ancienne fourniture jusqu'au moment où la nouvelle est faite. Ainsi, comme il faut au moins 2 mètres pour chaque côté, 4 à 5 mètres sont enlevés à la circulation.

6.° Ce dépôt des matériaux produit un bourrelet qui empêche l'écoulement des eaux, qu'il faut alors conduire de l'autre côté de la route, au moyen de rigoles, qui gênent à leur tour le passage; de manière qu'il ne reste plus qu'une faible largeur praticable pour les voitures[1] : roulant alors dans les mêmes ornières, elles défoncent les routes encom-

---

1 Une route départementale de 6 mètres de largeur est obstruée de matériaux réservés, de 5o à 1oo mètres de distance, par les soins du piqueur intelligent qui la surveille, crainte de manquer de crédit pour l'année suivante Ces matériaux restent, et la route est réduite à 4 mètres de largeur.

brées par les matériaux, qui bientôt ne suffisent plus à l'entretien.

7.° L'emploi fait avec lenteur et souvent par un temps peu favorable, par suite de la marche inévitable pour toute administration publique.

8.° Les cantonniers stationnaires coûtent une somme qui n'est nullement en rapport avec leur travail [1]. En supposant même, ce qui est loin d'être vrai, qu'on n'admet que des hommes connaissant le travail et ayant les forces physiques suffisantes, il resterait encore certain que la plupart considèrent leur place comme des pensions qui leur sont dues; que malgré les précautions prises pour constater leurs travaux, on n'obtient généralement qu'une faible portion de ce qu'ils devraient faire : ils ne sont intéressés qu'à obtenir les signatures nécessaires pour toucher leur salaire; c'est donc vers ce but qu'ils dirigent tous leurs efforts.

Si le conducteur ou l'ingénieur veut en renvoyer un, après l'avoir long-temps pressé, exhorté et menacé, c'est un rapport à faire, une décision à provoquer. Pendant ce temps les sollicitations du cantonnier fléchissent un protecteur, et la pitié accorde ce que la justice aurait refusé.

---

1 Sur une route départementale qu'on entretient passablement avec 1000 à 1200 francs de matériaux, il se trouve quatre cantonniers, qui coûtent 1700 à 1800 francs!

Ils ne sont pas intéressés à bien faire, puisque cela ne leur rapporte pas davantage : leur but est donc de faire des travaux d'apparence, sans s'occuper des résultats [1] ; il est d'ailleurs certain que l'homme constamment isolé, comme le doit être le cantonnier, est par cela seul découragé et dégoûté du travail.

Beaucoup d'ingénieurs, sinon tous, savent bien à quoi s'en tenir sur le travail des cantonniers : ils savent parfaitement qu'en appliquant à leurs ouvrages les prix les plus élevés, leur produit est toujours très-loin de la somme qu'ils reçoivent pour salaire. C'est pour cela qu'on essaie quelquefois de les payer au mètre cube; mais ce moyen, qu'on ne peut employer que comme stimulant, est généralement illusoire; car, quand à la fin du mois le conducteur fait le métrage, avec la certitude que le cantonnier ne s'est pas absenté de la route, il trouve que son travail représente un produit de 20 francs, au lieu de 30 ou 36, qui est le salaire ordinaire. Que devra faire le conducteur dans ce cas? Devra-t-il ne lui faire payer que 20 francs, et le faire manquer de pain la moitié du mois suivant? ou bien, portera-t-il dans le métrage un cube représentant

---

1 Voir l'ouvrage de M. Weber, p. 65 et suiv., sur le travail des cantonniers.

son salaire? Quant à moi, je ne connais pas de réponses satisfaisantes à ces questions.

D'un autre côté, les cantonniers, étant constamment sur la route, sont obligés de faire des ouvrages pour lesquels il faudrait attendre un temps favorable, et alors il serait injuste de leur en payer le prix ordinaire : on l'augmente donc au point de produire le salaire ordinaire. N'est-ce pas une véritable perte? N'est-ce pas là employer les bras sans résultat?

On dira peut-être que les cantonniers étant des employés du Gouvernement, il faut bien les nourrir toute l'année : sans doute; mais il faudrait alors qu'il y eût au moins compensation par les services qu'ils rendent dans une saison avec celles où ils ne peuvent pas être employés utilement. Cela n'étant pas, il y a perte réelle sur l'argent employé.

Pendant trois à quatre mois d'été et partie de l'hiver, ils sont pour ainsi dire inutiles. Les conducteurs sont embarrassés de leur donner de l'occupation, tandis que dans les saisons de l'emploi des matériaux ils sont insuffisans. Il en résulte que de bons ouvriers deviennent fainéans.

Il y a sans doute de quoi faire illusion sur le soin qu'on donne aux routes, et se faire illusion à soi-même, en disant que sur chaque lieue de route de France, et à chaque instant, il y a une surveillance et des travaux. Mais ce sont ces illusions qu'il est important de détruire, puisqu'à côté des autres maux, elles coûtent des sommes énormes, payées par la sueur des contribuables.

Ainsi, tout en reconnaissant que dans le système actuel les cantonniers sont une chose à peu près indispensable, je ne puis admettre l'opinion et la description, tant soit peu poétique, sur les avantages des cantonniers stationnaires, exprimées dans la Statistique de 1824.

Je dis, au contraire, que c'est une institution qui est bien loin de rendre ce qu'elle coûte, puisque, en admettant que la moitié de la somme dépensée l'est en pure perte pour les routes, je suis certainement bien au-dessous de la vérité. Or, la dépense de cinq cents cantonniers sur les routes royales (Bas-Rhin) est d'environ 40,000 francs, dont la moitié est de 20,000, tandis que la dépense moyenne pour la fourniture de matériaux est de 112,000. Ainsi les cantonniers coûtent plus du tiers des matériaux; ce qui est une proportion très-fausse dans l'état actuel des routes. Je dis, dans l'état actuel; car, dans un meilleur état et dans certaines localités, cette proportion de la main d'œuvre doit même augmenter.

9.° Les traversées des villages sont abandonnées, au moins sur les routes départementales (Bas-Rhin), aux prestations en nature des habitans. Il serait sans doute bon d'obtenir qu'elles fussent faites ainsi, si cela n'enlevait pas les prestations aux chemins vicinaux, afin d'employer sur la route les fonds qu'ils absorberaient dans une grande proportion; mais par suite les traversées sont dans un état affreux, et tandis que ces parties de la route devraient être les meilleures, il semble qu'il y eût défense de les mettre en état.

On peut citer des traversées de village, sur des routes d'ailleurs assez bien entretenues, qui sont de véritables cloaques. Non-seulement les eaux pluviales ne s'écoulent pas, mais celles des puits, fontaines et éviers viennent s'y réunir; de manière que l'entretien en est rendu impossible, à cause du séjour constant des eaux.

10.° Les ordres transmis par MM. les ingénieurs aux entrepreneurs de fournir la quantité de matériaux nécessaire pour l'épuisement du crédit, le sont plus ou moins tard, par suite des lenteurs et des formalités attachées à toute opération d'administration. Ces ordres ne peuvent guères arriver avant la saison des travaux indispensables de l'agriculture, qui occupent les hommes et les chevaux. Les entrepreneurs sont alors arrêtés par leurs voituriers et par leurs ouvriers, qui les retiennent et les retardent. Les délais des fournitures arrivent; on se hâte, on se presse : cependant la saison avance, et les mauvais temps empêchent l'achèvement des fournitures. Alors l'ingénieur, forcé de faire exécuter les conditions et de soigner la livraison des matériaux, puisque le moment de l'emploi arrive, fait des marchés d'urgence, qui constituent l'entrepreneur en perte. Des conditions de retenue reçoivent quelquefois leur exécution.

Toutes les pertes occasionées à l'entrepreneur sont évidemment supportées par le trésor un peu plus tôt ou un peu plus tard ; car elles détruisent la concurrence aux adjudications suivantes.

11.º Le vulgaire prend ces mesures des ingénieurs pour des vexations, dont la source ne lui semble rien moins que pure. Si dans le nombre il se trouve un agent subalterne dont la délicatesse n'est pas à toute épreuve, on ne manque pas de traiter tout le corps des ponts et chaussées avec une absurde rigueur ; et tandis que le public, ignorant le mécanisme de l'administration, ne voit de garantie nulle part contre les mauvaises routes, il enveloppe dans ses malédictions l'entrepreneur et tous les agens, depuis le cantonnier jusqu'au directeur général.

12.º Jusqu'au moment de la réception de toute la fourniture de matériaux de l'exercice, on évite d'en employer, parce que cela présente des inconvéniens pour la comptabilité et la surveillance. Ainsi on voit une route détestable à côté d'un encombrement de matériaux, qui contribue encore à son mauvais état.

Si les voitures se brisent, si les rouliers ne peuvent sortir des ornières, si le public se plaint avec raison, on peut répondre que les matériaux n'étant pas reçus, on ne peut les employer. Ainsi l'administration n'est réellement pas en défaut.

CHAPITRE III.

L'administration des ponts et chaussées ne peut éviter ces inconvéniens; c'est la suite du système actuel.

Les inconvéniens que je viens de signaler sont réels; ils sont palpables pour tout le monde. Peut-on en accuser l'administration en général ou ses membres en particulier? Je crois qu'on aurait tort, et qu'on ne peut en accuser personne. Ces inconvéniens sont les suites naturelles du système actuel. Ils sont inhérens à la marche d'une administration forcée de descendre à des détails et à des soins, où chaque agent peut se soustraire à la surveillance de ses chefs, où les entraves d'une comptabilité qui doit nécessairement être rigoureuse, ne laissent que peu de latitude d'amélioration.

Ces inconvéniens sont enfin non-seulement inévitables pour l'administration, mais ils sont en grande partie son résultat forcé, et cela quoique tout le monde dans l'administration fasse son devoir, comme je m'empresse de le reconnaître.

On comprendra facilement, sans que j'entre dans de plus longs développemens, que ces inconvéniens sont de véritables dépenses; qu'en les évitant, on ferait des économies très-grandes, dont à la vérité l'appréciation est assez difficile. Cependant, après l'exposé de mon système, j'espère arriver à cette appréciation.

Examinons comment l'administration agit pour arriver au but qu'elle doit se proposer, c'est-à-dire pour se conformer aux idées qui résultent des trois articles de faits que j'ai considérés comme reconnus par tout le monde, et que le directeur général a posés, savoir :

1.º Que le bon entretien des routes apporte dans les frais d'entretien une diminution notable.

L'administration agit-elle conformément à ce principe? Elle le désire; elle le cherche; elle fait tous ses efforts pour y arriver : je le reconnais; j'en suis certain : mais elle n'arrivera jamais au but; les inconvéniens que j'ai signalés, elle ne pourra pas les éviter.

Donc le système actuel ne présente pas la possibilité d'arriver au résultat désiré.

2.º Que la dégradation des routes provient principalement du choc des roues, de l'action de la pluie et de celle de la gelée.

Le premier point est la conclusion de celui-ci. Mais comment l'administration peut-elle arrêter l'action de ces trois causes de dégradation, puisqu'elle ne peut éviter les inconvéniens qui les produisent ?

En effet, pour empêcher le choc des roues, il faut qu'une route soit unie et en parfait état d'entretien. Pour empêcher l'action des pluies, il faut encore qu'une route ait un bombement uniforme ; que les accotemens soient libres pour l'écoulement des eaux ; que ces accotemens ne soient pas dégradés par le séjour des matériaux ; qu'ils soient, enfin, solides, bien dressés et battus par les roues et les piétons : c'est alors seulement que les eaux s'écouleront bien, si toutefois les talus sont bien dressés et nettoyés.

On voit encore que cela est impossible avec le système actuel ; les inconvéniens signalés s'y opposent évidemment.

Quant à l'action de la gelée, qui est très-puissante sur les routes mal entretenues et humides, elle est presque nulle sur celles bien entretenues. Les causes qui entretiennent l'humidité des routes, contribuent donc toutes à l'action produite par la gelée : on ne peut donc pas plus éviter ce mal que les autres avec le système actuel.

De tout ce qui précède et de ce qui est généralement reconnu, on conclura sans doute avec moi que le plus grand perfectionnement, celui qui devra conduire aux meilleurs résultats, et sans lequel il y a peu de chances d'amélioration, c'est d'éloigner le plus possible l'humidité des routes.

Eh bien, jusqu'à présent personne que je sache n'a proposé des moyens pour y parvenir; bien au contraire, on fait entièrement l'inverse de ce qu'on devrait faire : les chapitres suivans le prouveront.

CHAPITRE IV.

Plantations.

M. le directeur général des ponts et chaussées, dans son Rapport de 1824, dit : « Les plantations « des routes ont toujours fixé la sollicitude de l'ad- « ministration ; et sous les rapports d'agrément, « comme sous ceux d'utilité, elles sont dignes en « effet de toute son attention : elles embellissent « les chemins. Lorsque la route disparaît sous la « neige, elles tracent la direction et signalent les « précipices. D'autre part, elles augmentent la masse « des bois du royaume ; elles offrent des ressources « précieuses pour les constructions, et en particulier « pour le charronnage de l'artillerie. »

Cette opinion de l'administration est à mon avis presque entièrement erronnée. De tous les avantages que présentent les plantations, je n'en reconnais qu'un, celui de l'agrément pendant la saison des grandes chaleurs ; car, quant au produit des bois pour construction et charronnage, cet avantage est peu de chose, et ne me paraît pas devoir contre-balancer les inconvéniens que je vais signaler.

Dans peu de localités les arbres aux bords des

routes sont de belle venue; ils sont généralement rabougris, étant exposés à toutes sortes de dégradations. Quant au produit en bois de chauffage, il est réel; mais le terrain produirait autre chose, si les arbres étaient moins rapprochés, et il y aurait sans doute compensation, puisque les terres aux bords des routes sont très-productives en céréales : la poussière et les boues les fécondent extraordinairement.

Je ne puis donc reconnaître aux plantations aux bords des routes aucune utilité réelle, mais seulement l'agrément qu'elles offrent au voyageur. Or, cet agrément n'est pas de toutes les saisons, mais d'une petite partie de l'année, tandis qu'il en résulte un immense inconvénient pendant le reste de l'année. Je ne crains pas d'avancer que c'est la cause la plus active de la détérioration des routes; que le mal croît avec l'arbre, et qu'une allée d'arbres qui ombrage entièrement la route, est, si je puis m'exprimer ainsi, son mortel ennemi. Tout le monde peut observer à chaque instant la vérité de ce fait, et je suis persuadé que tout le monde sera de mon avis, après un peu d'observation et de réflexion.

On verra facilement que partout où les arbres ombragent les routes, elles sont mal entretenues, tandis que les parties voisines, ayant le même sol et étant soumises aux mêmes soins, sont toujours meilleures.

Ici, de même qu'en toutes choses, il faut balancer les avantages et les inconvéniens pour se décider. Je vais résumer les uns et les autres.

Les avantages consistent dans l'agrément d'être abrité contre le soleil pendant les grandes chaleurs de l'été.

Les inconvéniens sont d'être privé du soleil au printemps et en automne; d'empêcher que la route ne sèche promptement; qu'ainsi il y a plus de boue, surtout pour les piétons; que la différence d'entretien est très-grande, puisque nous avons reconnu que le point essentiel était de préserver les routes le plus possible de l'humidité.

Je conclus donc que les plantations d'arbres aux bords des routes doivent être limitées à une distance de la route et à un éloignement entre les arbres, ainsi qu'à une hauteur de tiges, qui évitent le plus possible les inconvéniens que j'ai signalés, et en présence desquels il est impossible, même avec tous les moyens, d'avoir de bonnes routes. Les pays méridionaux font sans doute, jusqu'à un certain point, exception.

Il est très-urgent de prévenir et d'arrêter le mal causé aux routes par les plantations anciennes et nouvelles, et de mettre un terme à cette profusion d'arbres qui enferment nos routes de telle manière qu'elles ne recevront bientôt plus un rayon de so-

leil, et par là conserveront constamment une humidité qui rendra leur bon entretien impossible. [1]
L'humidité que l'ombrage conserve aux matériaux,
surtout aux calcaires, les expose à être écrasés bien
plus facilement.

Les plantations devraient être limitées, savoir :
en plaine, distance 5o mètres (les peupliers pourraient être plus rapprochés); hauteur de tige au-
dessus du niveau de la route , 6 mètres. Sur les
hauteurs, distance 25 mètres; hauteur de tige, 5
mètres. Éloignement de la crête du talus, 4 mètres
pour les anciennes plantations, 5 pour les nouvelles. Dans tous les cas les branches ne devraient jamais dépasser la perpendiculaire élevée sur la crête
du talus. Quant aux haies, elles devraient être à
une distance égale à leur hauteur.

De cette manière on aurait tous les avantages
des plantations sans en avoir tous les inconvéniens;
car il suffit au voyageur de trouver partout de quoi
se mettre à l'ombre. La vue d'une plantation à haute

---

[1] On peut citer des routes dans le Bas-Rhin dont l'entretien
était très-facile ; mais depuis que les plantations de 1816 et
1817 les enveloppent et les couvrent, l'entretien devient de
plus en plus dispendieux. Les arbres de ces plantations, quoique récentes, sont si inconsidérément nombreux, que déjà les
branches s'enlacent, et sont généralement à peine à 1,5o mètre
ou 2 mètres au-dessus de la route.

tige est bien plus agréable que celle d'arbres bas et rabougris, comme ils le sont en général. Une opinion à ce sujet, conforme à la mienne, se trouve dans les instructions publiées par ordre du parlement pour la réparation des routes, et adressées aux commissaires et ingénieurs chargés de leur entretien [1]. Quant à l'abattage des arbres nuisibles, rien de plus simple; l'administration n'aurait qu'à marquer ceux qu'elle destinerait à l'être pour arriver au maximum fixé et en conservant les plus beaux. Bientôt les propriétaires les auraient enlevés. Si des propriétaires tenaient à les conserver, les entrepreneurs trouveraient leur intérêt à les acheter cher pour les arracher.

---

[1] Essai d'Edgeworth, p. 237, §. III, arbres et haies, règle 3. Il est indispensable de faire abattre les arbres plantés sur les bords des routes, et de couper les haies à 5 pieds de hauteur. On peut évaluer à 20 *pour cent* les dégradations occasionées par les arbres trop rapprochés ou les haies trop élevées : les matériaux qui en sont ombragés restent humides, et sont rapidement écrasés.

CHAPITRE V.

Inconvéniens de la largeur des routes.

Un autre mal, encore plus grand, existe au détriment des routes, par l'obstacle qu'il oppose à l'écoulement des eaux et par conséquent aux moyens d'éloigner l'humidité ; c'est la largeur des routes.

Il est clair que, plus une route présente de surface, plus elle reçoit d'eau de pluie, et plus elle a besoin de facilité pour l'écoulement des eaux. Il est encore clair que c'est précisément en raison inverse de sa largeur que la facilité de l'écoulement a lieu.

On a vu que les routes les plus fréquentées et qui s'usent le plus, qui ont conséquemment besoin d'une plus grande quantité de matériaux pour l'entretien, sont aussi ordinairement les plus larges ; qu'ainsi les obstacles à l'écoulement des eaux augmentent toujours en raison inverse de la nécessité de l'accélérer. Nous avons vu que pour celles-là les deux accotemens étaient presque constamment occupés par des matériaux en plus ou moins grande quantité. On peut observer facilement que des tas, placés même à 50 mètres et plus de distance, em pêchent la circulation des voitures sur au moins 2 mètres de largeur.

Jusqu'à présent il me semble que personne n'a fait assez attention à cette cause si grave, si flagrante du mauvais état de nos routes; au moins aucun ouvrage à ma connaissance ne l'a signalée avec force. [1] On a sans doute considéré uniquement les routes, quant à la largeur, sous le rapport de la beauté. En effet, l'aspect d'une route large est beau et quelquefois grandiose ; mais quand on sera convaincu, comme moi, que le prix d'entretien entre une route étroite et une route large augmente dans une progression très-rapide, qu'on aura calculé que la différence produirait des millions d'économie, on conviendra avec moi qu'il vaut mieux avoir de bonnes routes n'ayant que la largeur suffisante, à bon marché, que d'en avoir de larges, mais chères et mauvaises.

Il paraît que l'administration ne songe même pas à cet inconvénient, car nulle part on ne voit rétablir l'ancienne crête de talus. Mais on voit souvent décaper les accotemens sans s'apercevoir que la

---

[1] Le traducteur d'Edgeworth, dans ses conclusions, dit un mot sur la réduction des routes à 3o pieds, sans donner aucune raison. M. Levaillant de Bovent en dit quelques mots. M. Berthaux-Ducreux, voir la note *B*.

largeur de la route augmente toujours, et quand on cure les fossés, on ne songe pas non plus à revenir à la largeur primitive de la route, au contraire il semble qu'on cherche constamment à l'élargir.

Peut-être y a-t-il de la part des ingénieurs dans cette marche un zèle louable pour reconquérir ce que les riverains ont enlevé. Nous verrons plus loin ce qu'il faudrait faire à cet égard.

Nous avons déjà examiné et reconnu que le système d'entretien actuel nécessitait pour le dépôt des matériaux d'entretien au moins 2 mètres, et que cela allait de 4 à 5 mètres sur les routes fréquentées : ainsi on peut dire hardiment que, si l'on adoptait un système par lequel les dépôts de matériaux sur les accotemens n'auraient plus lieu, on pourrait retrancher au moins 2 mètres sur la largeur de toutes les routes pour cet objet seulement.

Il résulte donc de la trop grande largeur des routes les inconvéniens suivans :

1.° Difficulté d'écoulement des eaux ;

2.° Nécessité de faire de fortes rigoles pour faciliter cet écoulement ;

3.° Nécessité d'établir un trop fort bombement dans le même but ;

4.° Une route trop large pour sa circulation,

laisse des parties se dégrader par le non-usage, et les herbes, qui alors en envahissent une partie, l'amollissent au point que la première roue qui y passe par un temps humide, forme de profondes ornières.

5.° La difficulté d'établir un bombement uniforme.

Examinons quelle est la largeur nécessaire aux routes.

La largeur nécessaire existe, lorsqu'une voiture étant placée au milieu de la route, elle laisse de chaque côté assez de place pour le passage d'une autre. Ainsi, en prenant 2 mètres pour chaque voiture, ce qui est pour l'ordinaire largement compté, il faudra donc 6 mètres pour le passage des trois voitures; ajoutant 1 mètre de chaque côté pour les piétons, vous aurez pour les routes les plus fréquentées la plus grande largeur nécessaire. Mais on aurait grand tort de donner cette largeur à des routes peu fréquentées; dans ce cas 6 mètres et même 5 pour toute largeur suffisent.

On ne peut sans doute pas entendre cela des parties de grande circulation et des abords des villes. J'expose dans le chapitre XV des idées nouvelles sur ces parties de grande circulation. On pourrait opposer à mon calcul la largeur des grands chariots dont se sert le roulage, et sur lesquels il y a des chargemens d'un volume de plus de 2 mètres de largeur. Je répondrai que la police du roulage détruirait facilement cette objection.

Les routes royales et beaucoup de routes départementales dépassent de beaucoup la largeur nécessaire. Les premières ont de 11 à 16 mètres, les secondes de 7 à 13 mètres (Bas-Rhin).

On conçoit facilement qu'en les réduisant à la largeur nécessaire, les opérations pour l'entretien seraient bien plus faciles et plus économiques. En effet, si on veut curer la route, il y a une surface bien moindre et plus rapprochée des fossés ; si elle présente des aspérités qu'il faut égaliser, elles sont en bien moindre quantité ; le bombement peut être conservé plus uniforme ; l'écoulement des eaux n'a pas besoin de ces nombreuses et profondes rigoles qui coûtent beaucoup d'ouvrage et qui réduisent la voie praticable aux voitures à un seul passage au milieu de la route. Quand il s'agit de la recharger, il faut un cube bien moindre. [1]

Je pourrais ajouter que les parties à retrancher des routes, livrées à l'agriculture, ne sont pas un objet à dédaigner ; et si je voulais présenter de beaux

---

[1] C'est sans doute au peu de largeur que l'Angleterre et quelques contrées de l'Allemagne doivent en grande partie la bonté de leurs routes.

calculs par des chiffres bien alignés, il y aurait de quoi faire illusion sur cet avantage; mais ce côté de la chose m'éloignerait trop de la ligne que je me suis tracée. [1]

----

1 Le traducteur d'Edgeworth porte à 5000 hectares un retranchement de 2 mètres aux routes royales, et les évalue à 7 millions.

CHAPITRE VI.

De la limite de la propriété des routes, et de celle des plantations.

Des questions bien intéressantes se présentent à propos de la largeur des routes ; ce sont celles de la propriété des routes, de leur largeur tout compris, de leur abornement, de la nécessité de fixer les limites de la propriété publique.

L'état actuel des choses a des inconvéniens de toute espèce, qu'il est urgent de faire cesser ; le Gouvernement devrait pourvoir à la reconnaissance de la propriété publique, établir par une loi le mode d'y procéder, et pourvoir à un abornement régulier.

D'après l'arrêt de 1720, encore en vigueur, on peut ce me semble considérer la largeur de la propriété publique de la route, comme la largeur de la route d'un talus à l'autre, plus 6 pieds de chaque côté pour les fossés. La propriété de la route ainsi fixée, l'objet des plantations peut aussi facilement trouver une solution.

En premier lieu, tout arbre à 6 pieds de la crête du talus, serait la propriété de la route[1]. L'ad-

---

[1] Loi du 9 Ventôse an 13.

ministration peut donc en disposer et les faire abattre.

En second lieu, les arbres doivent être à 2 mètres de la limite de deux propriétés : ainsi l'administration peut encore faire abattre ceux qui se trouvent dans cette limite [1]. De plus, chaque propriétaire a droit aux fruits des branches sur la propriété, et droit de faire abattre les branches : donc l'administration a tous les moyens de détruire les arbres nuisibles.

Le décret du 16 Décembre 1811, article 86, a confirmé les droits de l'État sur les arbres plantés sur le terrain des routes.

A la vérité, la loi du 12 Mai 1825 a changé ces dispositions, en concédant les arbres aux riverains dans certains cas ; mais par sa réserve de laisser l'administration juge de l'opportunité de l'abattage et de l'élagage des arbres, elle n'entrave pas les moyens de réduire les plantations.

L'état d'incertitude sur la limite de la propriété publique, aux abords des routes, est un désordre qui a des conséquences très-graves pour leur conservation, et peut entraîner à d'injustes condamnations contre des contraventions imaginaires. A chaque instant l'administration est embarrassée et

---

[1] Code civil.

dans la crainte, ou de manquer à son devoir, ou de commettre une injustice envers les riverains.

Nul doute que la propriété des routes ne s'étende réellement plus loin presque partout; mais les riverains, étant en possession, ont envahi tout ce qu'ils ont pu ou trouvé profitable.

Voici les dispositions des anciennes lois auxquelles il n'a pas encore été dérogé.

L'article 1.er du titre XXVIII de l'ordonnance des eaux et forêts, du mois d'Août 1669, fixe la largeur des grandes routes à 72 pieds.

L'article 3 dit que dans six mois tout ce qui se trouvera sur ces routes sur une largeur de 60 pieds sera coupé.

Cette différence de mesure admet donc 6 pieds de chaque côté pour les fossés.

L'arrêté du Conseil d'État du Roi du 3 Mai 1720, article 1.er, confirme et ordonne la conservation de cette largeur de 60 pieds pour les *grands chemins*.

L'article 2 indique en dehors de cette largeur des fossés de 6 pieds de largeur en haut, 3 pieds en bas, et 3 pieds de profondeur.

L'article 3 veut que les *autres grands chemins* aient au moins 36 pieds de largeur entre les fossés.

Rien n'indique la différence entre les grands chemins de l'article 1.er et les autres grands chemins de l'article 3.

Vient l'arrêté du Conseil d'État du 6 Février 1776 qui, considérant que la largeur fixée par l'arrêté de 1720, enlevait des terrains à l'agriculture sans nécessité, ordonne : article 1.er, que les routes à construire *à l'avenir* seront distinguées en quatre classes, dont la largeur sera fixée, non compris les fossés, à 42 pieds la première classe, à 36 pieds la deuxième classe, à 30 pieds la troisième classe et à 24 pieds la quatrième classe, appelée chemins particuliers.

Il résulte de ces arrêts que la propriété des routes existantes avant celui de 1776, devait avoir, les grandes routes 60 pieds, les *autres grands chemins* 36 pieds, et les routes construites depuis, les largeurs indiquées dans cet arrêt.

Il y aurait donc à rechercher l'époque de la construction de chaque route et la classe à laquelle elles étaient assimilées, pour servir de guide dans la recherche nécessaire à l'abornement ou au moins à la fixation de la propriété publique.

Les documens déposés dans les bureaux des ponts et chaussées et autres archives, contiennent sans doute de quoi résoudre ces questions.

CHAPITRE VII.

Résumé de ce qui précède.

Nous avons trouvé dans l'exposition du système actuel :

1.º Que les inconvéniens du mode actuel de l'entretien des routes étaient nombreux.

2.º Qu'ils étaient inévitables dans le système actuel.

3.º Que l'administration cherche les moyens de les éviter, mais qu'elle ne peut y parvenir.

4.º Que l'humidité était la cause principale du mauvais état des routes.

5.º Que les plantations entretenaient beaucoup l'humidité, et étaient par là une cause du mal.

6.º Que le plus grand mal avait pour cause la trop grande largeur des routes.

A ces vices du système actuel, il faut ajouter celui de la législation sur le roulage, indiqué dans le chapitre XIII.

C'est donc la destruction de tous les inconvéniens et vices nombreux, signalés dans le système actuel, qu'un système nouveau doit présenter. Mais ce n'est pas tout ; il doit encore présenter le moyen pécuniaire de le mettre en pratique, et éviter également l'inconvénient plus grand que tous les autres, d'avoir besoin, pour être exécutable, de centaines de millions; nécessité qui forme la conclusion de presque tous les moyens présentés jusqu'ici.

CHAPITRE VIII.

Exposition du nouveau système.

Après avoir exposé le mal de ce qui existe, il y a obligation de présenter le remède.

Ce remède consiste dans l'entretien à forfait[1]. Je le présente avec confiance, parce que je suis convaincu que c'est le seul système avec lequel il soit possible d'arriver à une restauration de nos routes. Que c'est le seul moyen d'en finir avec ces demandes de centaines de millions, ces controverses sur le rétablissement des barrières, ces emprunts qu'on ne saurait jamais rembourser, ainsi que de beaucoup d'autres utopies. [2]

Il s'agit donc de poser le plus nettement possible les conditions des entreprises à forfait, afin de donner à l'entrepreneur toutes les garanties et les moyens qui peuvent faciliter les travaux, sans qu'il puisse avoir le moyen de vexer les citoyens.

Le premier point est de rechercher quelle est la durée la plus convenable de l'entreprise à forfait,

---

[1] Voir la note *C.*

[2] Voir la note *B.*

afin de ne pas engager trop long-temps l'État , le département ou la commune dans un marché qui, dans la suite, pourrait se faire plus avantageusement. D'un autre côté, il faut éviter d'éloigner les entrepreneurs, soit en leur demandant un engagement de trop longue durée, soit en le raccourcissant trop pour que l'entrepreneur ne puisse pas profiter des avantages qui résultent de la continuation après le premier rétablissement et les premiers frais une fois payés.

Pour les routes à l'état d'entretien, il semble que le forfait pourrait être limité entre six et dix ans. Quant aux autres, à dix ans, sauf ce que nous verrons pour les routes entièrement dégradées. [1]

Voici les principales conditions nécessaires :

1.° L'entrepreneur devra mettre la route en bon état dans six mois à un an (suivant l'état actuel et les travaux de réparation à faire), et l'entretenir en bon état avec un bombement dont le maximum ne dépassera pas 0,04 par mètre , qu'elle devra avoir à l'expiration de l'entreprise.

Remarque sur cet article. On ne propose de limite que pour empêcher l'excès du bombement que l'entrepreneur pourrait croire, à tort ou à raison, dans son intérêt. Quant à la limite à poser pour

---

1 Voir chapitre **X**.

éviter l'aplatissement de la route, elle est inutile, puisque le bombement est dans l'intérêt de l'entretien, et qu'une route de niveau est la plus agréable. D'un autre côté, il faut laisser à l'entrepreneur la faculté de pouvoir faire des rechargemens complets, chose indispensable sur les routes à repiquer.

2.° Que les flaches et ornières ne puissent jamais être de plus de 0,03 mètre pendant les six mois d'été, et de 0,06 mètre pendant les six mois d'hiver.

Remarque. Cette limite peut encore être resserrée ou étendue, suivant la position des routes, les qualités de matériaux, le degré de perfection qu'on désire, qui dépend des fonds affectés à la portion de route, puisque j'admets que, pour avoir des routes meilleures que celles produites par ces limites, elles seraient plus coûteuses, non pas en consommation de matériaux, mais en main d'œuvre pour les petites et minutieuses réparations des flaches et pour les ébouemens. Quant à la limite inférieure, je crois qu'il est de l'intérêt de l'entrepreneur de ne pas la dépasser.

5.° Il y aura sur chaque route des cantonniers ou employés surveillans, agréés par l'administration, à des distances d'au moins 10 kilomètres.

Remarque. Ce que j'ai dit des cantonniers, indique suffisamment qu'il ne faudrait pas astreindre l'entrepreneur à en avoir, parce que les mêmes inconvéniens subsisteraient en partie pour lui dans certains cas. Mais comme une surveillance des routes est nécessaire, et que MM. les ingénieurs, dans leurs tournées, doivent trouver à qui parler, je crois indispensable qu'il y ait sur chaque route, à certaines distances, soit des ouvriers, soit des surveillans agréés par l'administration et représentant l'entrepreneur.

4.° Il y aura toujours, sur chaque kilomètre, hors la route, au moins un dépôt de matériaux nécessaires pour l'entretien ordinaire présumé de la route (à déterminer suivant les localités).

Remarque. Ces dépôts détruiraient l'encombrement si désagreable des matériaux sur les accotemens, qui est en même temps une des causes les plus flagrantes du mauvais état des routes, à tel point qu'il est impossible, avec tous les fonds désirables, de bien assainir une route et la rendre agréable en conservant ce mode. Au contraire, plus on a de fonds, plus on demande de matériaux et plus on en a en réserve, conséquemment plus il y a d'encombrement et d'empêchement à l'écoulement des eaux. Le transport se ferait alors par tombereaux au lieu de brouettes, et la dépense n'en serait généralement pas ou peu augmentée.

5.° Ces dépôts, ainsi que tous les matériaux pour

les rechargemens, seront hors de la route. L'entrepreneur ne pourra en faire déposer sur les accotemens que très-momentanément pour les rechargemens et ceux provenant de décapemens et du repiquage. Le délai du dépôt ne pourra jamais dépasser huit jours.

Remarque. On pourra objecter la dépense pour l'acquisition des terrains nécessaires à ces dépôts. [1] Les retranchemens que je propose, et même les fossés actuels qu'on peut toujours combler dans des parties suffisantes, répondraient à cette objection; si l'entrepreneur ne trouvait pas cela assez commode, il louerait des terrains. Il serait sans doute avantageux que l'État eût à donner à l'entrepreneur des terrains commodes. En entrant dans ce système, on les acquerrait sans doute successivement.

6.° Les matériaux à employer à la surface ne devront avoir au plus qu'un volume passant dans un sens quelconque par un anneau de 0,06 ou 0,07 (suivant l'espèce de matériaux employés). Toutes les pierres roulantes au-dessus de cette dimension devront être soigneusement enlevées.

Remarque. Je dis, les matériaux à la surface; car les préjugés contraires au bon effet et à l'économie résultant du bon cassage des matériaux, sont loin

---

[1] Voir M. Levaillant, p. 3.

d'être détruits; ainsi l'obligation du cassage de tous les matériaux pourrait éloigner la concurrence dans l'état présent des esprits La pratique de mon système aurait bientôt répandu les lumières dans toutes les classes. L'intérêt détruirait bien plus facilement les préjugés que tous les raisonnemens les plus justes. Il importe d'ailleurs peu au public comment la route est composée, pourvu qu'elle soit unie à sa surface.

L'entrepreneur qui, malgré les avertissemens et les instructions, persisterait à suivre la routine ou croirait mieux faire en employant de grosses pierres pour ses rechargemens, ferait l'expérience à ses dépens, car il est certain qu'avant l'expiration de son bail il aurait été obligé de repiquer sa route.

7.° L'entrepreneur pourra se servir, pour l'entretien ordinaire, de tous les matériaux qu'il voudra, en se conformant à l'article précédent. Toutefois, s'il en employait qui fussent bientôt réduits en poussière et en boue, la couche de l'une et de l'autre ne pourrait dépasser 0,02 mètre d'épaisseur.

On voit facilement que, par l'exécution de ces sept articles, la plupart des inconvéniens signalés seraient détruits. Je démontrerai plus loin que ce n'est pas aux dépens du trésor public.

L'application de ces conditions et la mise en pratique du système ne présentent aucune difficulté. Le

Gouvernement n'aurait peut-être pas besoin de recourir pour cela à une mesure législative. Mais pour les conditions suivantes, cela serait sans doute nécessaire; de manière qu'en n'admettant pas cette seconde partie de mon système, rien n'empêcherait sa mise en pratique, il serait toujours le meilleur moyen d'entretien; mais cette seconde partie renferme les élémens des améliorations et des économies qui devront réaliser complètement celles que j'ai annoncées.

Ces conditions sont les suivantes:

1.° La largeur d'une route étant déterminée, l'entrepreneur aura la faculté de la réduire à cette largeur.

Remarque. Dans cet article la faculté de rétrécir les routes est laissée à l'entrepreneur après que la largeur sera déterminée et fixée par l'administration. Ainsi cette opération, à laquelle on pourrait objecter la dépense, ne subsistera pas. L'entrepreneur qui la jugerait trop coûteuse, ne la ferait pas; mais cela est douteux.

D'après ce que j'ai exposé dans le chapitre concernant cet objet, il me semble qu'on peut fixer ainsi la largeur des routes :

Routes royales.

Minimum, 7 à 8 mètres.

Maximum, 10 mètres. On ne devrait donner cette largeur qu'à des parties de grande circulation.

Routes départementales.

Minimum, 5 mètres.
Maximum, 8 mètres. [1]

Dans les parties dangereuses, les portions à retrancher serviront à établir des trottoirs élevés au-dessus du niveau de la route, bien entendu que cela n'entraînera pas le rétrécissement des traversées des villages, mais déterminerait seulement l'espacement des rigoles à établir, entre lesquelles se trouverait la portion de route à entretenir par l'État ou le département, et qui serait entièrement empierrée; le reste de la largeur à mettre à la charge des communes et des riverains.

2.° L'entrepreneur pourra désigner les arbres qui devront être arrachés et qui ne rempliront pas les conditions indiquées. [2]

3.° L'entrepreneur sera autorisé à construire, à ses frais et de la manière dont il l'entendra, tous les travaux d'amélioration de la route, comme aqueducs, empierremens, cassis, rehaussement de route, etc., après l'approbation de l'administration.

---

1 Voir la note *B.*
2 Voir chapitre **IV, Plantations**.

4.° Si ces améliorations ont une importance et une solidité équivalente à 5 pour cent de l'entretien annuel de son lot de routes, et que ses routes aient été constamment en bon état, l'entrepreneur aura, à l'expiration de son bail, la préférence à 5 pour cent au-dessus d'un autre.

Remarque. L'intérêt de l'administration veut que les entrepreneurs soient stimulés de toutes les manières aux perfectionnemens et aux améliorations. Ainsi, en promettant cette prime, soit pour des constructions, soit pour le prix d'un entretien parfait, c'est une véritable économie.

5.° L'entrepreneur est chargé du curement des fossés, qui seront entretenus à 0,50 mètre de profondeur. Les parties à retrancher sur la largeur des routes pourront être établies en banquettes à cette profondeur jusqu'au fossé existant, sauf ceux à combler et à diminuer. [1]

6.° L'entrepreneur aura la jouissance de tous les terrains qui composent la propriété de la route, soit de ceux provenant du rétrécissement, soit des autres : il fournira les pierres nécessaires pour l'abornement.

Remarque. Cette jouissance sera d'un produit considérable pour la suite, et entrerait déjà en ligne

---

[1] Voir chapitre XIV.

de compte à présent. L'entrepreneur chercherait à mettre le terrain en rapport par des améliorations qui profiteraient à l'État plus tard. L'avantage de cette mesure est également incontestable pour la conservation de la propriété publique. Sans doute il faudrait empêcher, par des conditions à stipuler, les moyens de vexer les propriétaires riverains.

Les pierres pour l'abornement coûteraient une très-forte somme, tandis que livrées par l'entrepreneur, elles ne coûteraient rien à l'État. L'entrepreneur, obtenant en compensation une limite exacte pour sa jouissance, serait intéressé à les livrer. Il ne faudrait pas, à la vérité, exiger des pierres coûteuses, mais seulement brutes : elles pourraient être remplacées mieux par la suite de la même manière.

7.° L'entrepreneur ne pourra élever aucune réclamation pour augmentation de roulage, si ce n'est pour le cas de guerre ou d'établissement d'industries nouvelles et considérables ; alors il aura droit à une indemnité à régler par arbitrage.

8.° L'entrepreneur aura la faculté d'indiquer les moyens de constater les contraventions sur la police du roulage.

Remarque. J'indiquerai plus loin [1] ce qui a rapport au roulage. En faisant des réglemens capables

---

[1] Voir chapitre XII.

d'arrêter les causes destructives des routes, on aurait sûrement des conditions bien meilleures ; de plus, ces réglemens seraient exécutés, parce que les entrepreneurs y veilleraient. On ne leur laisserait sans doute que la part d'intervention nécessaire à l'exécution, sans pouvoir vexer le public.

On conviendra sans difficulté que l'exécution de ces conditions produirait l'effet si désiré d'avoir de bonnes routes, d'avoir un garant qu'elles le seront constamment. Il s'agit donc de démontrer que cela est possible sans augmentation de dépenses : or, c'est là ce que je soutiens et ce que je chercherai à prouver.[1]

---

[1] Voir les notes *D* et *E*.

CHAPITRE IX.

Avantages de l'entrepreneur à forfait sur l'administration.

Les avantages de l'entrepreneur sont les suivans :

1.° Je crois avoir démontré que les cantonniers de l'administration ne peuvent rendre ce qu'ils coûtent, tandis qu'au contraire des cantonniers placés par l'entrepreneur rendraient des services réels en les payant bien : ils seraient responsables de l'état de la route, intéressés à avoir de bons matériaux et à s'opposer aux fraudes des voituriers et des casseurs; ils seraient, enfin, le commis et le factotum de l'entrepreneur, qu'ils seraient intéressés à bien servir, parce que celui-ci pourrait les payer et les récompenser de tous les services. Il est palpable que le même homme, placé dans ces deux positions, produirait des résultats d'une différence énorme par intérêt et par amour-propre.

Si, au lieu de cantonniers-ouvriers, l'entrepreneur employait, comme il serait avantageux de le faire dans beaucoup de localités, des commis surveillans, ceux-ci auraient un grand avantage sur les piqueurs et conducteurs de l'administration, quand ce ne serait que par la dépendance absolue dans laquelle ils seraient vis-à-vis de l'entrepreneur, qui aurait de nombreux moyens de les intéresser à bien faire, en leur accordant des primes pour la réussite d'essais, en leur payant leurs soins, leur activité et leur intelligence, comme il pourrait les renvoyer, s'ils ne faisaient pas bien.

2.º L'entrepreneur, étant par-dessus tout intéressé à la bonté des matériaux qu'il emploierait à prix égal, trouverait moyen à ne pas être trompé là-dessus par les voituriers, surtout au moyen de ses cantonniers, qui seraient aussi employés au cassage ; ce qui les empêcherait de manquer jamais d'ouvrage.

3.º Il pourrait dans beaucoup de localités trouver du bénéfice à employer des matériaux de moindre qualité; ce qui ne peut pas avoir lieu dans le système actuel : l'administration ne peut ni faire ni admettre des calculs de ce genre. De même l'entrepreneur pourrait employer des matériaux tirés de loin et plus chers, au lieu de ceux qu'on emploie. Pour ceux qui entendraient et calculeraient bien , cette manière produirait sans doute de grands avantages.

4.º Il pourrait profiter de toutes les saisons favorables pour les approvisionnemens et le cassage des matériaux. Dans cet avantage gît une immense économie. Je ne citerai que quelques-uns des nombreux avantages.

· Pour arriver près de beaucoup de bancs de gravier, il faut faire de grands détours, faute de ponts ou de chemins. Eh bien! en hiver ces obstacles disparaissent.

On ne peut pas dire qu'au moyen de baux de fourniture, les entrepreneurs actuels jouissent des mêmes avantages ; car ils ne peuvent se mettre à l'ouvrage qu'après avoir reçu la demande, sans s'exposer à des travaux inutiles.

Une des choses les plus difficiles à obtenir, c'est le bon cassage fait à temps, principalement parce qu'il doit se faire dans la saison où tous les bras sont occupés. Dans le système proposé, au contraire, on le ferait faire en hiver, quand tous les ouvriers sont disponibles : on en aurait alors de bons, tandis qu'à présent on n'en a que de mauvais.

Par la disposition des matériaux hors de la route, en grands dépôts, l'établissement de baraques pour donner aux ouvriers le moyen de travailler par tous les temps, serait très-avantageux.

Ces baraques pourraient encore devenir un refuge contre le mauvais temps pour les voyageurs.

5.° Pour les rechargemens complets, il pourrait dans beaucoup de localités économiser l'emmétrage et le transport par brouettes, en faisant faire les transports au moment de l'emploi ; car quoiqu'à présent les voituriers pour le transport soient généralement rares, puisqu'ils sont dans le cas de prendre des engagemens quant aux délais et à la qualité des matériaux, et qu'ils sont soumis aux ordres et à la réception des ingénieurs, des conducteurs et des cantonniers, je dis que dans mon système il n'en manquerait jamais.

L'entrepreneur, voyant le moment de l'emploi favorable, n'aurait qu'à faire publier pour le lendemain que tous les voituriers pourront conduire des matériaux à tel prix, et qu'ils seraient payés immédiatement : de cette manière il n'en manquerait certainement pas, tandis qu'à présent on a beaucoup de peine à trouver des voituriers, auxquels il faut nécessairement imposer les conditions indiquées ; ce qui est pour eux un sujet de tracasserie qui les rebute, à moins qu'ils ne soient payés fort chèrement.

Il en serait de même des ouvriers.

Cette manière une fois introduite, on n'aurait plus que l'embarras du choix.

D'ailleurs, l'entrepreneur pourrait les employer de tout âge et de tout sexe pour certains travaux, en réglant le prix d'après les facultés; ce que l'administration ne peut pas : elle a son tarif du prix des journées, qui ne laisse pas le moyen d'augmenter et de diminuer le salaire suivant les forces et l'intelligence des ouvriers.

6.º Il est généralement reconnu, et tous les ingénieurs sont sans doute d'accord sur ce point, que la grande maladie des routes, c'est la grosseur et l'inégalité des pierres qui sont à leur surface. Pour obtenir un résultat plus tôt ou plus tard, il faudra nécessairement en venir à arracher ces pierres, et faire ce qu'on appelle *repiquer la route*. Plusieurs ingénieurs ont déjà tenté cette opération ; mais ce n'est pas avec leur budget actuel qu'ils peuvent l'entreprendre : la somme qu'il leur faudrait serait effrayante. Eh bien ! un entrepreneur ferait faire ce travail avec une dépense infiniment moindre, par les raisons déjà exprimées sur les autres travaux, parce qu'il établirait de grands ateliers bien composés des meilleurs ouvriers, bien payés, bien conduits, pourvus de tous les outils nécessaires, et n'opérant qu'aux momens favorables. Ces ateliers parcourraient de grandes distances, même un département entier : ils opéreraient dans des localités où il n'y pas d'ouvriers bons à cela.

On conviendra sans doute que c'est là le seul moyen d'opérer économiquement et promptement, et on conviendra encore que dans le système actuel les ingénieurs ne peuvent pas l'employer, tandis qu'un entrepreneur à forfait l'appliquerait facilement.

Enfin, les avantages d'un entrepreneur à forfait

se composent de tous ceux qu'a le particulier qui paie de sa main après avoir marchandé l'objet, de ceux qui résultent d'une infinité de combinaisons et d'arrangemens dont l'intérêt particulier seul peut tirer parti. Si cela n'était pas, le Gouvernement pourrait fabriquer toutes sortes d'objets aussi avantageusement que les particuliers. Cependant qui oserait soutenir cette thèse?

—

CHAPITRE X.

Moyens d'exécution.

Pour établir mon système, il n'y a pas grande difficulté, et on ne me fera sans doute pas d'objections sérieuses. Je vais examiner ce qu'il y aurait à faire.

J'ai déjà indiqué que les traversées des villes et des villages ne pouvaient pas être comprises dans les entreprises avant d'être mises en bon état, les villes par des pavés, et les villages au moins par des rigoles pavées, ce qui est chose indispensable.

Il faudrait dresser un état des routes, dans lequel on indiquerait pour chaque kilomètre et fraction de kilomètre,

1.° Son état de viabilité;

2.° Sa largeur;

3.° L'état des plantations.

D'après l'état ainsi établi, on en dresserait un autre, qui indiquerait,

1.° L'état de viabilité qu'on voudra obtenir par l'entreprise, c'est-à-dire le maximum des flaches et des ornières;

2.° La largeur qu'on voudra conserver à la route.

Remarque. Comme l'exécution de cet article et des deux suivans nécessiterait beaucoup de temps, on pourrait néanmoins procéder à l'adjudication sans en attendre la fin, pourvu que les principes qu'ils énoncent fussent admis. Il est probable que les entrepreneurs s'en contenteraient, sauf à calculer sur les délais d'exécution et de jouissance.

3.º La réduction à opérer sur les plantations pour arriver au maximum fixé.

4.º La largeur totale de la propriété publique longeant la route, afin que l'entrepreneur connût les terrains dont il aurait la jouissance.

On joindrait à cet état celui de la somme dépensée depuis les dix dernières années, et d'après cela on fixerait le prix que l'entretien devra coûter dans le système actuel pour les routes qui sont à l'état d'entretien. Quant aux autres, l'état des sommes dépensées servira de guide tant aux ingénieurs qu'aux entrepreneurs pour faire l'évaluation du coût présumé de l'entretien.

L'administration fixerait un maximum auquel elle adjugerait l'entreprise à forfait.

On établirait des lots d'entreprise. Ces lots pourraient être plus ou moins divisés, suivant les localités et la facilité à trouver des entrepreneurs. Ils pourraient être formés par départemens, arrondissemens, ou par route et portion de route. Mais pour la meilleure garantie et le rapport entre l'administration et l'ingénieur avec l'entrepreneur, les lots par arrondissemens seraient sans doute les plus convenables.

Tous ces documens, ainsi établis, seraient communiqués au public.

On fixerait un maximum de prix d'adjudication. Ce maximum serait de 25 pour cent au-dessous de la dépense présumée pour les routes en état. Pour celles à réparer, il serait au prix d'entretien actuel ou présumé, sauf les exceptions que nous verrons plus loin. [1]

Je pose ici le chiffre de 25 pour cent pour les routes à l'état d'entretien, sans établir des calculs sur lesquels on pourrait baser cette diminution.

Je n'ai pas voulu établir des calculs et des chiffres pour lesquels les données sont variables à l'infini, et quoique l'on considère en général, en pareille matière, les calculs comme indispensables pour arriver aux résultats, je crois pouvoir m'en dispenser et m'en rapporter aux indications et aux raisonnemens présentés, et d'après lesquels on conviendra sans doute avec moi, qu'un entrepreneur à forfait doit pouvoir entretenir une route avec un quart de moins que l'administration.

---

[1] Voir la fin de ce chapitre.

Ensuite on procéderait à l'adjudication.

Il serait peut-être impossible de trouver de suite des entrepreneurs dans chaque localité ; ainsi il serait nécessaire de publier dans toute la France les adjudications, et après des publications infructueuses on pourrait recevoir des offres au-dessus du maximum fixé, sauf à voir si elles mériteraient d'être acceptées.

Il est sans doute inutile de parler ici de cette foule de détails pour les conditions, et les précautions nécessaires. Le corps savant et éclairé des ingénieurs qui traiterait tous ces objets, n'a besoin de personne pour cela.

Il n'y a qu'une seule chose à dire là-dessus ; c'est que tout en posant les meilleures garanties, il faudrait chercher à éviter les conditions qui ne pourraient être considérées que comme comminatoires, afin que l'arbitraire ne pût jamais avoir lieu.

La faculté qu'aurait l'ingénieur de faire réparer sur-le-champ au compte de l'entrepreneur une mauvaise route ; la retenue, jusqu'à la tournée suivante, du certificat de paiement de cette route ou partie de route ; enfin, des amendes à proposer, seraient des moyens qui pourraient entrer dans les garanties contre les entrepreneurs.

Pour les routes entièrement dégradées, et pour la complète restauration desquelles un bail de dix ans, à la somme annuelle fixée, ne pourrait suffire, on pourrait recevoir des soumissions pour un bail de plus longue durée.

De même, pour les constructions de routes neuves, on pourrait fixer une somme annuelle pour construction et entretien, et recevoir des soumissions sur le nombre d'années pendant lequel ce paiement aurait lieu.

CHAPITRE XI.

Rôle de MM. les ingénieurs et conducteurs dans le nouveau système.

On voit facilement quel serait le rôle des ingénieurs dans ce système. Ils n'auraient plus à s'occuper de ces détails si désagréables, si arides, si
minutieux, si peu en harmonie avec leur situation
et leur caractère; c'est-à-dire la reconnaissance des
matériaux quant à la qualité, le cassage [1], l'emmétrage, les discussions sur cet objet avec les casseurs,
etc.; ainsi que cette comptabilité si compliquée, si
minutieuse et si sujette à erreur; cette surveillance
de cantonniers si désagréable et cependant sans bon
résultat. Les ingénieurs auraient une tournée à faire
par mois et à dresser procès-verbal de l'état des routes, qu'ils feraient réparer sur-le-champ si elles n'é-
taient pas en bon état.

Ils pourraient alors se livrer presque entièrement
aux travaux d'art, dont ils sont distraits par l'entretien des routes, et on verrait assurément une grande
amélioration dans leur service.

---

[1] Voir l'ouvrage de M. Lemoyne déjà cité, qui donne sur
tous ces détails des indications parfaites.

Quant aux conducteurs, qui sont dans une position sans perspective dans le corps, pour lesquels tout le savoir, toute l'aptitude et l'expérience possibles sont sans résultat pour leur avenir; auxquels il est défendu de songer au collet brodé qu'ils ont constamment sous les yeux et dont ils soutiennent souvent l'éclat, eh bien! beaucoup de ces employés trouveraient sans doute dans mon système (qui permettrait d'en réduire le nombre) un meilleur emploi de leurs facultés en se faisant les employés des entrepreneurs, ou en devenant entrepreneurs eux-mêmes.

Les ingénieurs pourraient alors s'occuper activement d'un objet si essentiel et si négligé, c'est-à-dire des traversées des villages, des aqueducs, des fossés [1] et de tous les accessoires de la route.

Ils auraient à s'occuper en première ligne de l'établissement des rigoles pavées dans les traversées de villages qui en sont dépourvues. Au moyen de ces rigoles, espacées de manière à restreindre la route à un maximum de 6 mètres de largeur, que nous avons trouvée suffisante pour le roulage, et encore au moyen d'aqueducs et de cassis peu coûteux, les traversées pourraient être comprises dans l'entretien à forfait sans forte augmentation.

---

1 Voir chapitre XIV.

Le surplus de la largeur des traversées serait à la charge des communes et des propriétaires riverains.

C'est alors que les ingénieurs présenteraient une véritable responsabilité ; non cette responsabilité pécuniaire, qui reposerait sur l'entrepreneur, mais la responsabilité morale que, dans cette situation, ils ne pourraient pas décliner ; car, quel est l'ingénieur qui voudrait se laisser accuser d'être de connivence avec l'entrepreneur, pour l'aider à se soustraire à l'accomplissement de ses conditions, en entretenant mal une route, tandis qu'il est payé pour un bon entretien ? Il ne pourrait pas non plus s'excuser de n'avoir pas les moyens prompts de réparation d'une mauvaise route, car les dépôts continuels de matériaux donnent toute facilité pour cela.

Ainsi, à côté de la garantie pécuniaire, on aurait la garantie morale la plus forte possible.

Sans doute, les ingénieurs seraient dans une position pénible, s'il arrivait que l'entrepreneur, tout en opérant bien, se trouvât en perte.

CHAPITRE XII.

Police et réglemens du roulage.

La police du roulage pourrait aussi occuper utilement les employés de cette administration. Dans
le système que je propose, il est essentiel d'écarter
tout vague dans les réglemens sur cette matière; de
les faire exécuter sans tolérance nuisible, puisque
c'est une garantie qu'on devrait aux entrepreneurs.

Mais il est surtout désirable de voir modifier les
réglemens sur le poids des chargemens; car, dût-on
limiter davantage le poids, il semble qu'il n'y a pas
à hésiter, surtout pour les saisons humides.

Le traducteur d'Edgeworth traite ce chapitre de
manière à ne rien laisser à désirer, tout ce qu'il en
dit paraît d'une justesse parfaite; je renvoie à cet
ouvrage[1]. Sa conclusion me paraît résoudre le problème de la manière la plus satisfaisante.

Il dit : « On fixerait, par exemple, le maximum
« du nombre de chevaux à cinq ou à six pour les
« chariots, et à trois ou à quatre pour les char-
« rettes. Chaque force d'attelage correspondrait pour

---

[1] Chap. **VII**, p. 372.

« chaque espèce de voiture à une largeur donnée
« de jantes. »

Il combat victorieusement et sans réplique, à mon
avis, les assertions de la Statistique de M. le directeur général de 1824.

C'est surtout dans la simplicité de la surveillance
qu'est le grand mérite de ce système, puisque, comme
il le dit, il ne faudrait aux agens qui en seraient chargés *qu'un double décimètre et des yeux.*

J'ajouterai que la fixation du nombre de chevaux
doit avoir pour base le nombre des roues et la largeur
des jantes, puisque c'est bien chaque roue à part
qui agit sur la route ; que conséquemment, c'est le
maximum de la charge de chaque roue qu'il faut
pouvoir déterminer. On dira qu'alors les charrettes
à deux roues auraient un grand désavantage, qu'elles
ne pourraient plus concourir avec celles à quatre
roues. Cela pourrait être vrai sans empêcher la mesure, car le but de la conservation des routes doit
faire prohiber ce qui tend à les détruire aussi activement.

Puisqu'il est reconnu que la largeur des jantes
dépassant une certaine limite, ne produit pas de
bon effet, je pense que le maximum peut être
de 0,20.

Je proposerai donc de fixer ainsi le tarif du
roulage :

Charrettes à 2 roues ; largeur des jantes,   0,20 — 4 chevaux.
    Idem ;   *idem,*   0,17 — 3 *idem.*
    Idem ;   *idem,*   0,12 — 2 *idem.*
Chariots à 4 roues ;   *idem,*   0,20 — 6 *idem.*
    Idem ;   *idem,*   0,17 — 5 *idem.*
    Idem ;   *idem,*   0,14 — 4 *idem.*
    Idem ;   *idem,*   0,12 — 3 *idem.*
    Idem ;   *idem,*   0,10 — 2 *idem.*

Pour toutes les voitures à 1 cheval, minimum des jantes, 0,08.

Pour les voitures suspendues, on modifierait le tarif, puisqu'il est reconnu que les ressorts diminuent considérablement les chocs et font conséquemment bien moins de mal aux routes.

Cette fixation pour le nombre des chevaux est d'autant plus avantageuse, que le mauvais état des chemins oblige de diminuer la charge.

Quant aux montées rapides, pour lesquelles il faut nécessairement ajouter des chevaux, des poteaux indiqueraient les espaces sur lesquels on le tolérerait.

Le prix des transports, dira-t-on, en serait augmenté. Quoique les petits chariots marchassent généralement en concurrence avec les grands[1], une augmentation momentanée serait cependant possible dans certains lieux ; mais cette considération me paraît de peu de poids à côté de l'immense avantage de la conservation des routes, et parce que le ré-

---

[1] Voir l'Aperçu de M. Levaillant de Bovent, p. 34.

sultat pour le prix des transports sera également avantageux, puisque, en dernière analyse, de bonnes routes faciliteraient les transports bien au-delà de la restriction demandée.

Si, d'un autre côté, cela détruisait les charrettes à deux roues pour le roulage, ce ne serait que la destruction d'un usage ou d'une mode sans avantage.

Et pourquoi ne se soumettrait-on pas à ces restrictions pour éviter l'impopulaire et vexatoire impôt des barrières dont tout le monde vous menace, ou l'impôt sur le roulage, proposé cette année à la chambre des députés? Y aurait-il quelqu'un d'assez insensé pour ne pas souscrire à ces restrictions pour éviter cet impôt? Eh bien! tous les auteurs ne voient de salut pour les routes que dans cette odieuse mesure des barrières. Quant à moi, je la repousse de toutes mes forces pour les routes existantes; il me semblerait que l'air de la liberté serait chassé par cette entrave de chaque instant.

Le réglement, ainsi simplifié, devrait être affiché dans un grand nombre de communes et au plus à un myriamètre de distance.

Les maires auraient à recevoir les plaintes contre les voituriers et de ceux-ci contre le mauvais état des routes. Ils les adresseraient aux préfets ou aux procureurs du roi; ce qui n'empêcherait pas la surveillance des employés des ponts et chaussées.

CHAPITRE XIII.

Espoir de rendre populaires les connaissances pratiques.

MM. les ingénieurs pourraient faire alors des expériences qui ne seraient pas aux frais de l'État; ils pourraient aider de leurs conseils les entrepreneurs, qui les suivraient sans doute et en feraient les frais.

Chaque ingénieur indiquerait à l'entrepreneur ses manières de prédilection : mais celui-ci ne tarderait pas à chercher de nouvelles méthodes, si celles-ci ne conduisaient pas à bien.

On verrait naître bientôt des ouvrages sur les différens moyens, la qualité des matériaux, la forme des outils dans toute la France et les autres pays. Les ingénieurs mêmes livreraient au public le résultat des recherches et des expériences qui se trouvent à présent emprisonnées dans les bureaux et les cartons du corps savant.

On verrait promptement devenir populaires toutes les connaissances qui touchent à cet objet, et les élémens de la construction et de l'entretien des routes deviendraient aussi communs qu'ils sont ignorés à présent. L'expérience aurait bientôt éclairé jusqu'aux simples ouvriers intéressés à bien faire, tandis qu'à présent personne n'ose rien dire autrement que le chef, et bien moins le faire.

Combien ne devrait-on pas espérer d'améliorations dans les divers procédés en fait de choix de matériaux, d'outils, de machines pour cassage, etc.?

On verrait si le système Mac-Adam n'est pas, comme je le crois, le meilleur pour l'entretien; chose contestée, mais que l'expérience rendrait bientôt incontestable.

En faisant faire des routes neuves suivant le système que je propose, on serait bientôt convaincu que celui de Mac-Adam est parfaitement applicable à presque toutes les localités[1], surtout pour des routes réduites, comme je le propose, à leur largeur utile.

Je dis, qu'on serait bientôt convaincu, puisque certainement aucun entrepreneur n'emploîrait le système d'empierremens à fondations, qui serait capable de ruiner la France si on établissait les routes projetées, tandis que le système Mac-Adam coûte peu de chose.

Au reste, ce dernier système est bien celui em-

---

[1] Une expérience de ce système, faite à une porte de Strasbourg en 1820, ne laisse jusqu'ici rien à désirer.

ployé le plus dans nos routes, c'est-à-dire qu'il y a une infinité de routes sans aucune fondation, et cependant, avec un bon entretien, elles se soutiennent assez bien.

Par les sondes que vient de faire faire l'administration dans le Bas-Rhin, il est démontré que très-peu de routes ont des empierremens; mais qu'elles sont formées d'un mélange de pierres, de sable et de terres, sans aucun arrangement calculé.

Bientôt on verrait publier de tous côtés des instructions techniques, fruit des expériences de tous les genres et de toutes les localités, et, de cette manière, transporter d'un bout de la France à l'autre, les différens procédés dont chacun étudierait ce qui lui semblerait utile, et le moment ne serait pas éloigné où les ouvriers mêmes, éclairés par leur intérêt, suivraient les meilleures méthodes.

CHAPITRE XIV.

Fossés.

Les fossés sont les parties dangereuses des routes. Sans eux il arriverait peu d'accidens : on peut dire qu'ils sont les ennemis des voyageurs. Pour la sûreté de la circulation il serait très-avantageux de pouvoir s'en dispenser, et de les détruire. Nous allons donc rechercher leur origine, les causes de leur établissement, leur utilité actuelle, et proposer leur destruction là où ils ne sont pas nécessaires.

L'arrêt du Conseil du 3 Mai 1720, article 2, porte : « Que les routes seront bordées de fossés dont la « largeur sera *au moins* de 6 pieds dans le haut, de « 3 pieds dans le bas, et la profondeur de 3 pieds, « en observant les pentes nécessaires pour l'écoule- « ment des eaux desdits fossés. »

Dans les considérans de cet arrêt on trouve : « Et « d'autant que ces dispositions (quant aux planta- « tions) ne peuvent être exécutées que la largeur « des chemins en soit réglée et terminée par des « fossés qui puissent *empêcher les propriétaires des* « *héritages y aboutissans d'anticiper à l'avenir* sur « lesdits chemins. »

L'arrêt du 6 Février 1776, article 8, porte : « Se-
« ront lesdites routes bordées de fossés dans le cas
« seulement où lesdits fossés auront été jugés néces-
« saires pour les garantir de l'empiétement des rive-
« rains ou pour écouler les eaux. »

Par ces dispositions on voit que le principal
motif de l'établissement des fossés a été d'empêcher
les anticipations des riverains, et que l'écoulement
des eaux n'a été qu'un motif secondaire.

Cette manière d'empêcher les anticipations indique que ce n'était pas par le droit, mais par la force,
que les choses se réglaient ; que les riverains pre-
naient petit à petit la propriété de l'État, et que le
Gouvernement venait reprendre en gros peut-être
plus que ce qui lui appartenait réellement. Cela
rappelle des temps d'arbitraire et de despotisme,
qui heureusement ont disparu, pour laisser à chaque citoyen ce qui lui appartient, sans qu'il puisse
empiéter sur la propriété de l'État après que sa limite
aura été reconnue.[1]

Après la fixation des limites de la propriété publique de la route, les fossés ne seront donc plus
nécessaires contre les anticipations, premier point
de leur nécessité.

Examinons quelle est leur utilité sous le second

---

[1] Voir le chapitre de la question de propriété.

rapport, celui de l'écoulement des eaux. Les fossés sont sous ce rapport destinés à recevoir les eaux pluviales de la route et à les en éloigner : c'est là le véritable point de la nécessité des fossés; mais cette nécessité n'existe pas également partout, et nous verrons qu'on peut procurer l'écoulement des eaux tout en évitant le danger des fossés.

La fixation des dimensions uniformes des fossés par l'arrêt de 1720, confirmée par celui de 1776, prouve, quant à l'entretien des routes, une grande ignorance. Il est vrai qu'à présent on suit encore les mêmes erremens. Je vais indiquer combien cette fixation est vicieuse, et combien de perfectionnemens résulteraient d'un mode mieux entendu d'établir les fossés.

Les différentes positions principales des routes, par rapport au terrain, sont les suivantes :

1.° Route de niveau et à la hauteur des terrains environnans;

2.° Route de niveau élevée au-dessus du sol environnant;

3.° Route en pente suivant le terrain;

4.° En pente au-dessus du terrain;

5.° En pente en contre-bas du terrain.

Pour le premier cas il faut nécessairement des fossés : mais les fonctions des fossés étant de recevoir les eaux de la route et de les en éloigner, le but pluvieuses entières des bourbiers méphitiques, de véritables cloaques, qui semblent établis tout exprès pour le séjour des reptiles de toute espèce qui s'y logent.

C'est manquer entièrement le but, et détruire toute l'utilité des fossés, que de les laisser sans issue pour l'éloignement des eaux de la route, en négligeant la construction d'aqueducs, comme cela se rencontre très-fréquemment. Il n'y a sans doute pas un ingénieur qui ne sache cela tout aussi bien que moi. Il faut qu'il y ait beaucoup d'obstacles à surmonter pour eux, puisqu'ils laissent subsister ce mal, qui me semble intolérable. Probablement la dépense pour la construction d'aqueducs grands, beaux et soignés, de manière à faire honneur à l'ingénieur, rendent la chose difficile ; mais un ingénieur doit tenir à honneur de ne pas laisser subsister des choses qui pourraient le faire taxer d'ignorance et de négligence. Il ferait mieux dans ce cas de faire un petit aqueduc peu coûteux ou de supprimer les fossés en faisant un cassis. La largeur actuelle des routes rend aussi cette dépense beaucoup trop forte ; nouvelle raison de les rétrécir.

On verrait aussi pourquoi il y a des parties de routes constamment mauvaises, malgré de nombreux rechargemens.

Après avoir observé tout cela, je me suis convaincu que les fossés, indispensables dans certaines parties, étaient très-nuisibles dans d'autres ; que conséquemment, dans un bon système d'entretien des routes, il faut s'attacher à détruire les fossés sur beaucoup de points ; que sur d'autres il faut les remplacer par de simples rigoles.

Cette opération se lierait parfaitement avec le système d'entretien que je propose ; et puisque tout ce qui y a rapport, serait entièrement dans l'intérêt de l'entretien économique, les entrepreneurs à forfait en feraient tous les frais avec avantage, d'autant mieux qu'ils auraient la jouissance des terrains que la destruction des fossés rendrait disponibles.

En agissant dans le sens que j'indique, on produirait sûrement des avantages immenses sous les rapports de l'économie, de la sûreté, du produit des parties à retrancher, et de l'alignement des routes.

Sous le rapport de l'économie, nous avons vu que les fossés attiraient souvent l'humidité nuisible à l'entretien. J'ai, je pense, suffisamment prouvé que la dépense d'entretien était, jusqu'à un certain point, proportionnelle à la largeur des routes. Ainsi, puisqu'en détruisant les fossés, on pourra, dans certaines parties, réduire la route pour la partie du roulage au-dessous de la largeur indiquée [1] : ce sera donc un motif d'économie.

Sous le rapport de la sûreté, tout le monde applaudirait sans doute à la destruction des fossés. Le produit des parties à retrancher augmenterait certainement beaucoup par le moyen d'établir ces parties de la manière la plus productive, au lieu de n'avoir que des talus plus ou moins rapides. [2]

L'emploi des boues sur ces parties serait alors très-avantageux.

Quant à l'agrément, nul doute que la vue de terrains bien égalisés, plantés et soignés, ne fût bien plus agréable que des fossés qui présentent constamment du danger à tous les voyageurs.

La planche 1.re indique quelques tracés concernant la manière d'établir les fossés et différens modes de les remplacer dans certaines positions.

J'admets que la profondeur des fossés, pour les cas ordinaires, ne doit pas dépasser 0,50 ; j'admets de plus qu'ils peuvent être réduits à 0,25 aux points culminans , afin d'établir le plafond du fossé en pente vers le point d'où l'écoulement doit éloigner les eaux de la route, et en profitant des pentes longitudinales naturelles qu'on combinerait avec cette variation de profondeur.

---

[1] Voir planche 1.re
[2] *Ibidem.*

On pourrait objecter que les fossés assainissent les routes et qu'en les comblant pour les remplacer par des rigoles, l'humidité ne s'éloignerait pas. Cette objection déjà combattue est, à mon avis, sans poids dans les parties même qui n'ont qu'une faible pente.

J'admets encore que l'écoulement des eaux dans le sens longitudinal s'effectue bien plus facilement dans des rigoles pavées ou seulement empierrées; les herbes qui viennent dans les fossés les rendent pour ainsi dire inutiles sur des pentes, où l'écoulement par une rigole serait très-facile.

D'ailleurs, l'avantage de détruire les accotemens non empierrés, et de n'avoir entre les rigoles qu'une route entièrement empierrée, est immense. Ce sont précisément ces accotemens non empierrés qui retiennent toutes les eaux et deviennent extrêmement boueux, tandis que, transformés en trottoirs, ils seraient toujours excellens.

A l'objection que ces rigoles seraient très-coûteuses, que les entrepreneurs ne les feraient pas, je répondrai : Laissez faire l'industrie particulière, en la favorisant par vos conseils et vos soins, et vous verrez ce qui en résultera. Si cela ne se faisait que peu, je suis persuadé que l'administration, quand elle aurait apprécié les avantages de ces rectifications, proposerait d'en indemniser les entrepreneurs, là où les matériaux sont trop coûteux pour qu'ils puissent trouver à les faire avantageusement à leurs frais. [1]

On peut d'ailleurs faire ces rigoles de différentes manières plus ou moins économiques : au lieu de les paver entièrement, on pourrait établir des moellons pour les former, suivant les profils planche 1.re, de 2 en 2 mètres, en construisant seulement les intervalles en empierrement.

Dans les figures de la planche 1.re les fossés actuels sont indiqués par les lignes pointillées.

Dans la figure 3 une haie de 0,80 de hauteur est indiquée en dehors du trottoir, elle pourrait être autorisée pour défendre les plantations qu'on établirait sur les terrains des fossés.

---

[1] Voir la note *F*.

CHAPITRE XV.

Routes jumelles.

D'après ce que j'ai exposé dans mon intime conviction, de la nécessité de rétrécir les routes à leur largeur indispensable, je viens hasarder une proposition sur les routes de grande circulation et les abords des villes où le rétrécissement n'est pas possible.

Comme nous l'avons vu, sur les routes de plus de 10 à 12 mètres de largeur, l'écoulement des eaux se fait très-difficilement, si le bombement n'est pas très-fort, ce qui est un inconvénient qu'il faut surtout éviter, tant pour l'agrément et la sûreté de la circulation, que pour l'économie d'un bon entretien.

Je propose donc, pour les routes de plus de 15 mètres, de les partager en deux par des rigoles pavées, dont la pente serait ménagée de manière que l'écoulement des eaux se ferait de distance en distance par des aqueducs en travers. [1]

Cette route aurait l'avantage d'être d'un entretien plus facile, d'après ce qui précède, et d'empêcher

---

1 Voir planche 2, figure 1.re

beaucoup l'embarras des voitures, en faisant servir un côté pour aller dans un sens et l'autre dans le sens contraire.

Elle éviterait le double inconvénient des routes très-larges, de présenter une trop grande élévation au milieu, ou l'impossibilité de l'écoulement des eaux.

Si l'administration faisait des essais de cette manière, l'économie qui en résulterait se ferait sans doute attendre assez long-temps, à cause de la solidité et de la perfection du travail que l'administration ne peut ni ne doit manquer d'y mettre. C'est donc en permettant à un entrepreneur à forfait de l'établir à ses frais, ou en y contribuant pour quelque chose, que l'État ferait un essai peu ou point coûteux.

Un inconvénient est généralement signalé sur le manque de largeur des routes pavées; il me frappa singulièrement lorsque je vis pour la première fois des routes de ce genre.

Je ne pus concevoir comment on pouvait avoir dépensé des sommes énormes en pavage, pour avoir de véritables casse-cous à côté de larges cloaques. Sans entrer dans plus de détails à ce sujet, je hasarde aussi une idée, dont l'exécution éviterait, à mon avis, tous les inconvéniens des routes pavées trop étroites, sans augmentation sensible de dépense pour celles qui seraient à construire ou à construire, puisqu'il ne faudrait pas plus de pavé.

Voici ce moyen : au lieu d'un pavé de 5 mètres au milieu, on en aurait deux, séparés par un empierrement qui servirait aux voitures légères et pour dépasser les chariots. [1]

De cette manière, et en faisant marcher les voitures sur le côté droit, elles n'auraient plus besoin de s'éviter, et conséquemment la largeur actuelle, séparée ainsi en deux, serait plus que suffisante. La partie du milieu serait toujours bonne pour les voitures légères, l'entretien en serait peu coûteux, puisque, contenue entre les deux pavés, elle serait peu sujette à recevoir les voitures lourdes, auxquelles il devra être défendu d'en user sans y être forcées, et qui s'en éloigneraient d'ailleurs par la pente de la route.[2]

Il y aurait beaucoup à dire sur les deux propositions de ce chapitre ; une discussion approfondie là-dessus me mènerait beaucoup trop loin. Aussi, comme je l'ai déjà dit, ces idées sur des routes que j'appellerai jumelles pour leur donner un nom, je les livre à MM. les ingénieurs auxquels le hasard ferait tomber mon ouvrage sous la main et qui voudraient bien s'en occuper.

---

1 Voir planche 2, figure 2.
2 Voir planche 2, figure 2.

CHAPITRE XVI.

Question financière.

Sous le rapport financier, mon système doit, je pense, obtenir la faveur de tous les partisans d'une saine économie politique; car les budgets fixes sont, à mon avis, le meilleur moyen d'ordre et conséquemment d'économie. Or, comme il s'agit ici de l'objet qui forme le premier besoin d'un État bien administré, c'est aussi celui-là qu'il faut porter en première ligne au budget, après l'avoir réduit à son chiffre indispensable.

Il serait à désirer, et il faut espérer qu'on y parviendra, que tous les besoins réels fussent ainsi établis d'une manière invariable. Dans un Gouvernement populaire et constitutionnel, qui conséquemment s'appuie sur l'opinion et qui doit compte à chaque citoyen de l'emploi de ses deniers, ce serait un moyen tout-puissant pour repousser le reproche banal qui, à tort ou à raison, est souvent adressé au Gouvernement sur l'emploi des fonds. Car, après avoir ainsi établi la fixité dans les dépenses d'utilité générale et des services indispensables, il éviterait ces controverses continuelles qui s'établissent sur le milliard d'impôts; elles ne pourraient plus avoir lieu alors que sur de faibles sommes, dont l'emploi est variable par sa nature.

A la vérité, il faudrait, dans mon système, une religieuse attention à conserver la somme fixée pour cet objet, et payer régulièrement par mois ou par trimestre; car c'est de la confiance qu'aura méritée le Gouvernement par son exactitude, que dépendra la concurrence. C'est aussi ce qui mettra les entreprises à la portée d'un plus grand nombre de personnes

Si l'on veut entrer dans ce système, il ne faut pas craindre de faire des conditions trop favorables aux entrepreneurs; car il serait à désirer qu'ils fissent des bénéfices qui attireraient la concurrence par la suite, tandis que les mauvaises affaires repousseraient tout le monde. D'ailleurs la prospérité des entrepreneurs tournerait à l'avantage de la chose publique, puisque cela leur donnerait le désir et le moyen de faire des essais et des perfectionnemens qui sont toujours un bien acquis.

Toutes les propositions pour le rétablissement des routes parlaient d'emprunts ou de péages; mais au bout des emprunts, entassés les uns sur les autres, on sait bien ce qui doit arriver.

Quant aux barrières, le plus impopulaire de tous les impôts, il faudrait bien du courage pour oser en proposer le rétablissement.

Mon système n'a pas besoin de pareilles propositions, même dans le cas extrême de routes pour ainsi dire à reconstruire.

Dans ce cas, au lieu de limiter le forfait à dix ans, on pourrait, comme il a déjà été dit, prendre pour base la somme affectée à l'entretien de la route, et recevoir des soumissions sur le nombre d'années que le forfait devrait durer.

De cette manière ce serait une véritable concession, qui amènerait des bailleurs de fonds, avec cette immense différence, que le Gouvernement ou les départemens ne seraient entraînés dans aucune condition onéreuse, et que les bénéfices des entrepreneurs se trouveraient dans leur industrie, qui tournerait à l'avantage général.

Des constructions neuves de routes pourraient se faire de la même manière, et on serait bien étonné des résultats. On verrait avec surprise des réductions considérables sur les prix demandés par l'administration; réductions qui, jointes à la condition d'être payé d'une somme annuelle pour construction et entretien, donneraient le moyen de la porter sur le budget sans mesure extraordinaire, tandis que pour les mêmes constructions on ne voit de moyens que dans les emprunts, les péages, moyens ruineux pour l'État ou fâcheux pour les citoyens.

Il faut cependant remarquer que mon système

n'exclut aucun moyen financier, qu'au contraire, il laisse toute latitude pour appliquer, soit des péages, soit des emprunts par annuités ou autres.

Ainsi rien n'empêcherait d'employer ces moyens suivant les besoins et les possibilités de l'exécution d'après les localités.

RÉSUMÉ.

Arrivé à la fin de cet exposé des inconvéniens du mode actuel et de ce que nous avons proposé, résumons ce qui précède.

Dans le chapitre I.ᵉʳ nous avons vu que le Gouvernement devait aux citoyens de bonnes routes; que ceux-ci devaient avoir des moyens d'obtenir les réparations du dommage qui pourrait leur arriver ; que dans le système actuel il y avait absence complète de garanties nécessaires pour la sécurité des citoyens et pour le bon emploi des fonds : qu'il faut rechercher le moyen d'établir cette responsabilité, sans laquelle le mal est sans remède.

Le chapitre II indique les inconvéniens du mode actuel de l'entretien, par son inégalité, l'encombrement abominable des matériaux sur les routes, la gêne qui résulte pour le public du cassage et de l'emmétrage, etc.

Le vice radical, sous le rapport pécuniaire, de l'emploi des cantonniers stationnaires, qui doivent nécessairement coûter le double et même le triple de ce qu'ils gagnent.

L'abandon des traversées des villages, parties si essentielles.

Les retards inévitables, leurs effets fâcheux pour le bon état des routes et leur funeste impression sur l'opinion publique.

Le chapitre III montre que ces inconvéniens sont inhérens au mode actuel; que l'administration, tout en faisant son devoir avec talent et zèle, ne peut les éviter.

Chapitre IV, nous avons signalé les inconvéniens des plantations; les erreurs de l'administration à ce sujet, la nécessité de réduire les plantations d'après des règles bien entendues, qui concilieraient l'agrément avec le bon entretien.

Le chapitre V démontre les grands inconvéniens de la largeur démesurée des routes, la nécessité de les réduire aux véritables besoins de la circulation; il établit en outre que cette réduction est un immense moyen d'économie.

Au chapitre VI se trouve soulevée la question de propriété des routes et des plantations; question dont la solution est très-importante pour le bon entretien des routes.

Le chapitre VII résume les inconvéniens signalés.

Dans le chapitre VIII se trouvent l'exposé du système proposé pour éviter les inconvéniens existans; les conditions des entreprises à forfait, qui forment le principe de ce système.

Le chapitre IX indique les avantages des entrepreneurs à forfait dans le système proposé, et les moyens d'opérer plus économiquement.

Au chapitre X se trouvent les moyens de mise à exécution du système, les opérations à faire par l'administration pour le mettre à profit sans délai.

Le chapitre XI montre la différence entre l'inter-vention actuelle des ingénieurs et des conducteurs, et celle dans le nouveau système. Cette différence devrait produire un grand bien dans le service général des ponts et chaussées.

Le chapitre XII traite de l'objet du roulage, en indiquant les moyens de le rendre moins destructif des routes.

Au chapitre XIII se trouve motivé l'espoir de voir se populariser les bonnes méthodes, et les grands perfectionnemens dans l'entretien et la construction des routes à la suite de la mise en pratique du nouveau système.

Le chapitre XIV donne des indications sur les moyens de détruire une partie des fossés et d'en rendre d'autres plus utiles.

Chapitre XV. Des routes jumelles, appelées ainsi et proposées par l'auteur, comme devant obvier aux inconvéniens des parties de grande circulation et de la trop faible largeur des routes pavées.

Chapitre XVI renferme la question financière, les avantages du système proposé, dont il résulterait des budgets fixes; chose désirable pour les dépenses de première nécessité.

Mon système pour détruire les inconvéniens signalés, peut donc se résumer ainsi :

1.° Mettre l'entretien des routes en entreprises à forfait.

2.° Rétrécir les routes à la largeur nécessaire à la circulation.

3.° Donner aux entrepreneurs la jouissance des parties supprimées, ainsi que de tous les terrains dépendant des routes.

4.° Réduire les plantations qui nuisent aux routes et entretiennent leur humidité, cause active de destruction des routes, en conciliant le plus possible l'agrément et l'utilité.

5.° Suppression de fossés dans beaucoup de parties, ce qui donnerait le moyen d'utiliser beaucoup de terrains, d'établir des trottoirs à peu de frais, et surtout le rétrécissement des routes à la largeur servant uniquement au roulage, et qui devra être entièrement empierrée.

6.° L'établissement de budgets fixes, suite nécessaire de l'entretien à forfait.

C'est par ces moyens qu'on pourra obtenir ce que j'ai annoncé, la certitude d'avoir de bonnes routes sans dépenser plus qu'on ne dépense à présent pour celles qui sont mal entretenues ; de faire sur les routes en bon état une économie qui, reportée sur celles dont l'entretien est presque négligé, doit donner les moyens de les entretenir également bien.

Ce dernier point n'est sans doute qu'une supposition que l'administration a seule les moyens de vérifier; car il y a beaucoup de routes entièrement privées de fonds pour leur entretien; il en faudrait beaucoup dans un état parfait, pour que l'économie que j'indique sur celles-ci, puisse donner les moyens d'entretenir les autres.

L'exécution de l'ensemble des mesures nécessaires pour la mise en pratique de mon système ne présente aucune difficulté sérieuse. L'administration des ponts et chaussées a tous les moyens de le mettre en pratique sans délai.

Le corps des ingénieurs conserverait la direction de l'ensemble, et ne perdrait que le soin des détails qu'il ne peut diriger utilement à présent.

Je crois donc avoir résolu le problème d'obtenir de bonnes routes au meilleur marché possible, avec la garantie que les citoyens ont droit d'exiger.

CHEMINS VICINAUX.

Ce sujet, qui a occupé tant d'écrivains, qui a été traité si diversement, sur lequel on a fait de gros livres et des calculs à perte de vue, ne me semble pas aussi difficile qu'on l'a représenté. Ce monstre, vu de près, me semble avoir perdu tout ce qu'il avait d'effrayant. Les uns veulent une grande augmentation de prestations[1] en nature, tandis que les autres cherchent à en démontrer l'illégalité; d'autres demandent je ne sais combien de centaines de millions. Après avoir examiné leurs calculs, qui peuvent être fort savans, on ne voit guère le moyen d'améliorer un seul de ces mauvais chemins. C'est à mon avis le résultat d'une erreur générale de vouloir calculer à la fois pour toute la France ce qui devrait être calculé pour chaque localité. De là ces calculs qu'on ne peut vérifier, et qui reposent sur des données sans exactitude; de manière qu'au lieu d'un faisceau de lumières, on n'a que de pâles flambeaux.

La loi de 1824, sur les prestations en nature, a été attaquée de diverses manières, et sous le rapport du droit et sous celui des résultats. Il y a de bonnes raisons dans ces attaques sous le premier rapport; quant au second, il y en a bien davantage. Il n'entre pas dans mon plan de discuter le premier; quant au second, j'indiquerai comment on peut rendre ces résultats infiniment meilleurs, et que sous ce rapport le plus grand vice n'est pas dans la loi, mais dans son application. Mon point de départ sera donc cette loi, telle qu'elle existe.

---

[1] Le traducteur d'Edgeworth demande dix jours.

D'autres ont cherché à démontrer quelle était la cause des mauvais chemins. Quant à moi, je veux chercher à établir quel parti on en peut tirer ; et tandis qu'on argumente sur le plus ou moins de bonté et de justice de cette loi, je voudrais qu'on l'appliquât de son mieux en attendant, au lieu d'imiter les fainéans, qui, ne voulant travailler que quand ils trouveront de quoi s'enrichir, se complaisent dans des chimères, sans profiter de la réalité.

Causes
du mauvais
état. L'état des chemins vicinaux est sans doute déplorable ; en voici les principales causes :

1.º Absence de fossés et d'aqueducs ;

2.º Largeur trop forte dans certaines parties et trop faible dans d'autres ;

3.º Plantations surabondantes dans certaines parties, surtout les basses, qui ne devraient pas en avoir.

Il faut donc détruire ces causes pour obtenir un résultat ; car, de même et à plus forte raison que pour les grandes routes, ce point est essentiel, puisque les effets de destruction, quant aux fossés, sont plus nombreux.

Mais si on voulait opérer à la fois sur tous les chemins vicinaux, il faudrait aussi commencer par calculer, afin de distribuer le travail, et on aurait encore devant les yeux ces chiffres effrayans devant lesquels on est forcé de reculer.

Il me semble que le moyen inverse conduirait à de bien meilleurs résultats. Voici comment il s'agirait d'opérer.

Moyens
d'y
remédier.

Classement. 1.º Établir un classement des chemins vicinaux en trois classes. La première, comprenant les communications les plus fréquentées et les plus directes de la commune aux communes voisines ; la seconde, ceux d'une importance moindre et les communications moins directes ; la troisième, enfin, les chemins des champs et les sentiers.

Il serait sans doute nécessaire de mettre au rang des routes départementales, puisqu'il n'y a pas de routes d'arrondissement, certains chemins qui profitent à d'autres qu'aux communes dont ils traversent la banlieue.

Cette classification faite, il faudrait commencer la restauration de la première classe, en opérant ainsi :

1.° Fixer la largeur suivant les besoins de la circulation.

Cette largeur devrait être restreinte au plus strict nécessaire, puisque, d'après les raisons que nous avons données pour les routes, c'est la cause essentielle du mauvais état des chemins vicinaux.

Cette largeur peut donc varier depuis le maximum de 5 mètres[1], qui devront être rarement admis, jusqu'au minimum de 2,50 mètres, en ménageant des parties plus larges de 50 à 100 mètres de distance pour le stationnement des voitures, pour qu'elles puissent s'éviter, pour les dépôts de matériaux, etc.

2.° Fixer la largeur et la profondeur des fossés là où il n'y a pas d'écoulement naturel. Dans ce cas il faut au moins un fossé ; en plaine il en faut deux, et aux versans des montagnes aucun, mais seulement des rigoles. Des fossés de 1 mètre de largeur et 0,05 mètre de profondeur suffiront généralement.[2]

3.° Calculer le nombre de mètres cubes de matériaux nécessaires pour obtenir un rechargement de 0,05 à 0,15 mètre d'épaisseur, suivant le plus ou moins de fond du chemin.

Cette opération faite, soit par les autorités locales, les architectes-voyers ou les ingénieurs[3], on procéderait à l'exécution

---

1 L'ignorance à ce sujet est extrême ; j'en cite un fait. Au moment de restaurer un chemin assez important, on appela les autorités du lieu pour donner leur avis. Sans égard à mes observations pressantes, l'architecte-voyer le traça de 7 mètres de largeur.

2 Voir chapitre XIV.

3 Mieux vaudrait par des architectes-voyers agréés par l'administration, mais libres, dont chaque commune aurait le choix, sous des conditions prescrites par un réglement.

des travaux, en appliquant la loi de la manière suivante :

1.° En faisant préparer des matériaux dans les gravières ou carrières ;

2.° En distribuant les fossés à faire entre les contribuables ;

3.° En faisant conduire à chaque voiturier le nombre de mètres cubes nécessaires, calculé par chariots ou charretées, si autrement c'est impossible, en enlevant en même temps les boues. Ce dernier objet, le plus essentiel, est entièrement ignoré ou négligé.

On dira peut-être que ce que je propose jusqu'ici n'a pas besoin d'être indiqué, que c'est la marche naturelle que tout le monde connaît et que tout le monde suit.

Mais la preuve qu'on ne la suit pas, est acquise pour tous ceux qui ont vu faire des corvées ou prestations en nature. Il serait superflu d'indiquer la manière dont les choses se font. C'est au point qu'il est pénible de voir comment par ignorance et insouciance de ce qu'il y a de plus utile, on voit dépenser le temps et les forces des hommes et des chevaux de toute une commune en pure perte. Je citerai un seul fait. Un chemin creux, sans fossés, dans une descente assez rapide, se trouve parsemé de pierres dures, roulantes, plus ou moins grosses. Le maire arriva avec grand nombre d'habitans, fit jeter hors du chemin les pierres, et le fit niveler avec de la terre !

Cependant ce que j'indique est facilement praticable ; au moyen d'instructions préfecturales, on y parviendrait sans doute.

Ce serait un grand résultat comparativement à ce qu'on obtient à présent ; mais ce serait encore trop peu pour la bonté des chemins. En effet, il ne suffit pas d'avoir des routes ou des chemins alignés, bordés de fossés et pourvus de matériaux, pour avoir un bon chemin jusqu'à l'année suivante, que les prestations en nature y soient de nouveau appliquées ; mais il faut,

1.º Que les fossés soient curés chaque fois que l'écoulement des eaux est entravé;

2.º Que l'écoulement des eaux pluviales sur le chemin soit constamment facilité; que des bourrelets sur les pentes dirigent les eaux dans les fossés ou rigoles;

3.º Que les ornières soient comblées, les flaches et les ornières remplies de matériaux au fur et à mesure qu'elles se forment.

A ces conditions, appliquées aux opérations faites en vertu de la loi sur les prestations en nature de la manière que nous avons indiquée, on aurait certainement un bon chemin.

Mais il y a plus, je soutiens que pour les neuf dixièmes des chemins à ces conditions vous n'aurez plus besoin de matériaux pendant au moins trois ans.

Eh bien! dans les communes qui ne pourraient pas pourvoir à ce travail par les fonds communaux ou par des centimes additionnels, on pourrait le faire faire, quoique imparfaitement, au moyen de prestations en nature réservées sur celles autorisées par la loi.

Mais comme ce mode de faire les travaux, qui ont besoin du plus de soin et d'intelligence possible de l'ouvrier, ne produirait pas le résultat désirable, il faudrait en chercher les moyens ailleurs que dans la loi sur les prestations en nature. Voici celui qui me semble le meilleur:

De même que pour les routes, il faut pour les chemins vicinaux des garans pour leur bon entretien. Aussi pour les premiers nous avons proposé des entrepreneurs à forfait, ayant à leur charge la fourniture des matériaux et la main d'œuvre; mais puisque pour les chemins vicinaux la loi sur les prestations en nature fournit les matériaux, il ne faut plus d'entrepreneur que pour la main d'œuvre d'entretien. Or, quelle est la commune qui ne trouverait pas moyen de payer cette dépense, bien minime comparée aux résultats: elle serait non-seulement minime pour le résultat, mais même pour ce qu'on pourrait supposer.

Malgré ma répugnance à poser des chiffres dont l'exactitude ne soit pas complète, je vais cependant établir un calcul sur cet objet.

Je prendrai pour exemple un chemin ayant besoin d'un rechargement moyen de 0,08 mètre d'épaisseur.

Prix
de
l'entretien.

Un kilomètre de chemin, avec un rechargement de 0,08 de hauteur sur 2,50 mètres de largeur, aura besoin d'un cube de 200,00 mètres. Sur cette quantité on peut supposer qu'il se trouvera après les premiers roulages et régalages un septième de gros cailloux à retirer pour être cassés.

L'extraction au rateau et la mise en tas hors du chemin peuvent être évaluées à une journée par 6 mètres, donc pour 3o mètres.. 5 journées.

Le régalage et le bombement des autres matériaux au moment de l'extraction, à une journée pour 100 mètres, ci pour 1 kilomètre........ 10 *idem.*

Le cassage des 3o mètres de cailloux, à une journée par mètre........................ 3o *idem.*

Emploi de 10 mètres dans les flaches et ornières, à 2 mètres par jour, y compris décapemens de bosses, rectifications de forme, etc... 5 *idem.*

Rectification des fossés, menues réparations, ébouement, petites rigoles pour l'écoulement des eaux, une journée par semaine pendant les deux mois qui suivront le rechargement, et un jour par mois le reste de l'année; ensemble... 20 *idem.*

TOTAL des travaux de la première année. 70 journées.

Les deux années suivantes il y aura à faire l'emploi des 20 mètres de matériaux restans... 10 journées.

Plus, le cassage et l'emploi de 5 mètres de

Report......... 10 journées.

cailloux qui paraîtront à la surface du chemin, qu'il faudra extraire dans les tournées mensuelles ; ci.............................. 8 *idem.*

Travaux de rectification et décapemens, d'entretien des fossés, ébouemens, etc., un jour par mois pendant les deux années ; ci........... 24 *idem.*

TOTAL......... 42 journées.

Donc pour chacune des deux années ...... 21 *idem.*

Et pour les trois années................. 112 journées.

Les cent douze journées, à 1^f 50^c, coûteront. 168^f 00^c

Quinze pour cent pour outils............. 25 21

TOTAL......... 193^f 21^c

Dont la première année................. 120 75

Les deux suivantes, chacune............. 36 225

pour les travaux d'entretien d'un chemin à restaurer.

Après la troisième année on peut supposer nécessaire un rechargement de $0^m,03$. La dépense serait pour la période de trois années comme suit :

L'extraction des gros cailloux, comme ci-dessus, après le rechargement, peut être supposée dans une plus forte proportion du cube du rechargement, parce que toutes les pierres dépassant la grosseur prescrite devront être retirées. Ainsi, au lieu du septième compté pour le rechargement, on peut compter un quart ; ce qui pour le cube résultant d'un rechargement de $0^m,04$ donnerait environ................. 17 mètres.

Lesquels, comme ci-dessus, à 6 mètres par jour............................... 3 journées.

Cassage de 17 mètres, à un jour par mètre. 17 *idem.*

A reporter...... 20 journées.

Report......... 20 journées.

Emploi de 5 mètres de ces 17 (négligeant les fractions) .... 2 *idem.*

Rectification de la forme, curement et rectifications des fossés (il y aura peu d'extraction de cailloux), un jour par mois, donc pour l'année. 12 *idem.*

34 journées.

Pour les deux années suivantes :

Emploi des 12 mètres de cailloux cassés restans............................. 6 *idem.*

Rectifications du chemin, réparation et curement des fossés, un jour par deux mois; ensemble pour deux ans........................ 12 *idem.*

Total......... 52 journées.

Lesquels cinquante-deux journées, à $1^f 50^c$. $78^f 00^c$ $\big\}$ $89^f 70^c$
Quinze pour cent pour outils.......... 11 70

dont pour la première année.............. $58^f 65^c$
et pour chacune des deux suivantes......... 15 525

Résultat. D'après ces calculs nous trouvons donc que pour 1 kilomètre de chemin, établi sur 4 mètres de largeur, avec des fossés à établir à neuf et un rechargement de $0^m,08$ d'épaisseur (ce qui suffirait pour un chemin entièrement dégradé), par prestation en nature, il faudrait, pour avoir un bon chemin, faire la dépense suivante en argent; savoir :

Première année du rechargement, de $0^m,08$ d'épaisseur............................. $120^f 75^c$
Seconde année, sans fourniture de matériaux. 36 225
Troisième année, *idem*................... 36 225

Total pour la première période.... $193^f 200$
dont la moyenne par année................ 64 40^c

Quatrième année, avec un rechargement de
$0^m,04$ .... 89^f 70^c

Cinquième année, sans rechargement...... 15 525

Sixième année, *idem* 15 525

TOTAL pour la seconde période .... 120^f 750

dont la moyenne par année................ 40 25^c

Ce tableau indique donc,

1.° La dépense nécessaire pour la restauration du chemin, qui, pour les trois premières années, pour lesquels il faudrait faire le marché avec l'ouvrier, serait, année moyenne, de 64 francs 40 centimes.

2.° La dépense pour l'entretien après la restauration, pour chaque période de trois ans, pour laquelle on suppose un rechargement nécessaire, serait, année moyenne, de 40 francs 25 centimes.

On voit que, la restauration du chemin opérée dans la première période de trois ans, il n'en coûterait plus que moins des deux tiers dans la seconde, dont on peut admettre la dépense comme constante, quoiqu'il y ait beaucoup de probabilités d'obtenir des économies. Quant aux matériaux nécessaires, le tiers du rechargement de la seconde période serait plus que suffisant pour l'entretien par la suite.

Le chemin que nous avons pris pour exemple est un des plus mauvais dans les contrées où les matériaux ne sont pas très-rares. Il y en a sans doute beaucoup pour lesquels notre prévision serait insuffisante ; mais elle serait beaucoup au-dessus du terme moyen pour les chemins qui se trouveraient dans la première classe, suivant mes indications.

Beaucoup de ces chemins, très-mauvais, recèlent assez de matériaux pour plusieurs années d'entretien, en opérant d'après mon indication ; d'autres se trouvent bordés de matériaux. Là où les matériaux sont rares, on ne ferait pas de rechargement de 2,50 mètres, mais seulement de 2 mètres, afin de diminuer d'un cinquième le cube nécessaire.

En adoptant ce système, il faudrait, aussitôt après l'opération du rechargement, faire marché avec un ouvrier pour l'entretien journalier, c'est-à-dire de main d'œuvre pendant trois, quatre, six ans, suivant le temps qu'on jugera que le rechargement sera suffisant, soit avec ou sans stipulation d'une certaine quantité de matériaux à fournir par prestation annuelle. Cette condition ne serait nécessaire que pour des marchés à longs termes ou pour des chemins très-fréquentés. Dans la pratique cette condition pourrait présenter des difficultés et des contestations avec l'ouvrier, qui serait alors intéressé à la bonne qualité et quantité des matériaux. C'est pour cela qu'il vaudrait mieux s'en tenir aux marchés pour les périodes des rechargemens.

Cet ouvrier serait responsable du bon état du chemin, comme l'entrepreneur à forfait d'une route et sous les mêmes conditions, en y ajoutant celle de fournir des matériaux pour les flaches et ornières, après l'épuisement de ceux qu'il aurait tenus en réserve; condition qui empêcherait de gaspiller les matériaux et de manquer de soin pour les retirer et conserver. On lui concéderait de même la jouissance du terrain communal qui borderait le chemin, de manière qu'il serait intéressé à la conservation de la propriété communale. Ce serait un moyen efficace de conserver les propriétés communales, qui disparaissent par les anticipations des riverains. Ce serait encore un moyen de diminuer les dépenses d'entretien des chemins. On pourrait être certain de voir beaucoup de chemins entretenus moyennant la jouissance du communal qui les borde, qui est maintenant abandonné aux riverains sans rétribution, ou forme des terrains vagues, dont on vend annuellement les herbes pour peu de chose.

L'ouvrier avec lequel on aurait fait marché, se mettrait

aussitôt à régulariser le produit informe de la prestation en nature, en fermant les ornières, en retirant les matériaux trop gros pour les concasser et les conserver, afin d'en remplir les flaches et les ornières.

J'ai posé ici pour exemple un marché à faire avec un ouvrier, pour montrer que ce système était praticable dans chaque localité. Mais avant d'avoir dans chaque localité des ouvriers assez intelligens, présentant des garanties, et assez entreprenans, il faudrait sans doute que l'expérience et l'habitude de ce système fussent propagées par des entrepreneurs qui opéreraient sur une plus grande échelle, soit sur les routes, soit sur les chemins vicinaux, ainsi adjugés par arrondissemens ou par cantons.

Ainsi, ce que nous disons ici d'un marché avec un ouvrier pourrait s'appliquer à un entrepreneur, auquel on adjugerait par adjudication publique ces travaux sur des lots plus ou moins étendus, dont un canton pourrait généralement former l'unité.

Pour les gens étrangers à ce genre de travaux et pour ceux qui n'y ont pas réfléchi, mon calcul pour le prix d'un kilomètre d'entretien pourra paraître au-dessous de la vérité ; cependant, pour des entreprises en grand, où l'on pourra, comme nous l'avons dit des routes, appliquer de bonnes méthodes et une surveillance réelle, cela serait sûrement encore plus économique.

Examinons à présent le résultat des travaux d'une commune au moyen des deux journées accordées par la loi.

Prenons pour exemple une commune de mille habitans.

On peut lui supposer cent quatre-vingts habitans soumis à la prestation, cent chevaux et soixante bœufs ou vaches.

On peut admettre que chaque cheval transportera moyennement par jour $1^m,50$ de matériaux, et chaque bœuf ou vache la moitié ; ce qui donnerait pour les deux journées de prestation 390 mètres.

Ainsi cette commune ferait dans une année environ 2 kilomètres de chemin, tel que nous l'avons indiqué, et dans les trois premières années 6 kilomètres.

Pour les travaux de main d'œuvre il y aurait trois cent soixante journées à employer.

Les 200 mètres de gravier à passer à la claie ou à ramasser au rateau, à 2,50 mètres par jour, employeraient. 80 jours.

Le chargement, à 4 mètres par jour.......... 50 *idem.*

Ébouement avant l'emploi, à 4 mètres par jour. 50 *idem.*

Le déchargement et régalage, à 5 mètres par jour. 40 *idem.*

Un kilomètre à 200 mètres de fossés, qui à 1,50 mètre de largeur et 0,50 mètre de profondeur, coûteraient, à 6 mètres par journée............... 33 *idem.*

253 jours.

Le total des journées étant de............... 360 *idem.*

RESTE......... 107 jours.

On voit donc que la main d'œuvre des 2 kilomètres de rechargement laissera encore disponible cent sept journées pour curemens de fossés, ébouemens et décapemens et autres travaux de terrassemens pour l'assainissement des chemins.

D'après cela on voit que cette commune aura mis dans un bon état, en trois ans, 6 kilomètres de chemin, et que, par le bon emploi des journées, elle en aura amélioré beaucoup d'autres. Or, peu de communes ont plus de 6 kilomètres de chemins qui seraient à mettre dans la première classe (Bas-Rhin).

Ainsi, en trois ans, tous les chemins de première classe pourraient être en parfait état d'entretien avec les deux journées de prestation accordées par la loi et la dépense indiquée pour l'entretien.

On peut objecter que mes calculs sont au-dessus de la vérité, que les journées de prestation sont loin de produire ce que j'indique. Cela est vrai ; mais il est vrai aussi qu'on pourra le leur faire produire, soit par une bonne surveillance, soit en distribuant à chacun sa tâche.

Les données manquent pour pousser plus loin les calculs sans se jeter trop dans le vague. Pour pouvoir asseoir les calculs et prévoir un résultat pour tout un département, il faudrait que le classement indiqué fût établi avec l'état actuel des chemins ; que le nombre de journées d'hommes et de bêtes fût connu, que les distances des carrières et des gravières fussent indiquées : alors on calculerait facilement le résultat.

L'administration aurait bientôt recueilli ces données et fait établir le classement par les conseils municipaux.

On a proposé beaucoup de moyens de surveillance pour les chemins vicinaux comme pour les routes, mais aucun de ceux proposés ne semblerait donner de résultat. Les fonctions gratuites, qui ont besoin de soins permanens, de beaucoup de temps et même de dépense, ne trouvent pas beaucoup d'hommes pour les remplir utilement. Cependant, à présent que les conseillers municipaux sont nommés par les citoyens, et que les membres du conseil général devront l'être également, on pourra désigner dans chaque commune deux conseillers municipaux qui, conjointement avec le maire, seraient spécialement chargés des chemins vicinaux de la commune pendant une année, lesquels se mettraient en rapport avec les membres du conseil général de la localité (chaque localité sera sans doute représentée au conseil général), qui aurait la mission de s'enquérir de l'état des chemins, d'en faire un rapport au conseil, qui discuterait les mesures à prendre.

Les conseils d'arrondissement, s'ils sont conservés, après qu'ils avaient été condamnés à la suppression par l'opposition de 1828, pourraient, à cause de la représentation des localités, rendre de grands services aux chemins ; mais pour cela, il faudrait que chaque arrondissement formât une communauté à part, ayant des intérêts distincts, des fonds particuliers ; qu'il pût, comme le département, devenir propriétaire. Alors on pourrait réaliser le vœu exprimé par divers auteurs, et que je partage, de former une classe de chemins entre les routes départementales et les chemins vicinaux ; c'est-à-dire des routes d'arrondissement. Il en résulterait une grande amélioration pour l'objet qui nous occupe.

Les arrondissemens n'ayant pas les caractères indiqués ci-dessus, leurs conseils ne peuvent malheureusement pas nous être utiles ; on pourrait même en conclure, comme la commission de 1828, que ce sont des rouages inutiles.

Dans l'état actuel, il est indispensable de faire concourir les communes usagères à la réparation de certains chemins situés sur le territoire d'autres communes qui n'ont pas les moyens de la faire seules, ou qui en profitent peu ; c'est un point essentiel pour obtenir de bonnes communications.

Les conseillers municipaux et les membres du conseil général pourraient donc surveiller les chemins, et avoir à se concerter sur tout ce qui y a rapport.

Ils auraient à voir si les architectes-voyers, que les communes choisiraient, s'il en était besoin, suivent les tracés et les alignemens arrêtés. [1]

Ils auraient la surveillance des prestations en nature, toujours avec le Maire, et celle de l'entrepreneur des travaux d'entretien et de rectification dont ils auraient à viser les mandats.

De cette manière les travaux seraient surveillés convenablement, parce qu'il faut supposer que les conseillers municipaux nommés par les citoyens et ensuite choisis au sein du conseil, tiendraient à honneur de bien faire.

---

1 Pour ces opérations les architectes devraient être payés par vacations réglées par un tarif.

Ceux-ci seraient encore stimulés par les membres du conseil général, qui tiendraient aussi à faire leur possible pour l'objet le plus nécessaire au peuple dont ils devront être les représentans.

Ainsi on voit que, sans création de nouvelles charges ou places, soit de commissaires-voyers, d'inspecteurs cantonnaux ou autres, imités de l'Angleterre ou d'autres pays, nous avons tout ce qu'il faut pour une bonne surveillance des chemins vicinaux ; qu'il ne s'agit que d'employer les moyens dont on peut disposer.

J'ai indiqué quel parti on pourrait tirer de la loi de 1824, *Résumé.* sans pouvoir assurer qu'elle suffirait pour remédier au mal ; je crois cependant qu'une notable augmentation sur les prestations en nature ne saurait être demandée, puisque cette charge pèse autant sur le pauvre que sur le riche. Mais cependant, si, comme il faut l'espérer, le bon emploi des deux journées qu'accorde la loi donnait les résultats que nous pouvons entrevoir, que le peuple voie fructifier sa peine, et qu'il voie le chemin devant la chaumière aussi bon que celui devant le château, il ne regrettera pas une journée de plus, puisqu'il verra et jouira des bons effets de l'emploi de son temps.

D'un autre côté, puisque avec l'emploi des prestations il faut aussi de l'argent pour payer les entrepreneurs et dans quelques localités les matériaux, dans le système que je propose, des centimes additionnels (quand les fonds communaux ne suffisent pas) peuvent balancer les sacrifices du riche et du pauvre pour cet objet de l'utilité et du bien-être commun.

On peut même prévoir dès à présent, qu'en suivant la marche qui vient d'être tracée, qu'après l'emploi des deux journées aux chemins de première classe, les autres chemins seront également plus ou moins bien entretenus par des prestations volontaires, auxquelles personne ne se refusera, si l'emploi en est bien réglé par l'autorité municipale.

Ainsi, de même que l'homme, avec peu de moyens, mais laborieux et soigneux, peut parvenir à une augmentation rapide de son bien-être, les communes pourront avec les faibles moyens que leur donne la loi, obtenir un résultat qui semblait ne pouvoir s'obtenir qu'avec des moyens au-dessus de toutes les forces.

On voit que j'ai traité la question des chemins vicinaux uniquement dans le sens de la loi actuelle et de son application sur tous les chemins. Tout en convenant de son insuffisance pour en obtenir un résultat aussi prompt que cela serait désirable, j'ai indiqué comment on pouvait l'obtenir au moyen de prestations en nature.

Mais outre les prestations en nature, la loi donne la faculté d'imposer extraordinairement les communes pour les chemins vicinaux ; elle renferme donc tous les moyens nécessaires, qu'il ne s'agit que de bien appliquer.

En employant simultanément et les prestations et les impositions, voici comment il faudrait opérer :

1.º Établir le classement que j'ai indiqué ;

2.º Entretenir la première classe à prix d'argent et appliquer les prestations en nature aux deux autres ;

3.º Faire de tous les chemins de première classe d'un canton un seul et même objet, entretenus par les centimes additionnels du canton ;

4.º Appliquer les entreprises à forfait que je propose pour les routes, en formant des lots par cantons.

On dira qu'il serait injuste de faire contribuer une commune éloignée à des chemins dont elle n'use jamais, et que la loi a voulu faire contribuer chaque commune suivant l'usage qu'elle en faisait. Cela est juste et vrai ; mais s'il était prouvé que, par cette réunion, cette mise en commun du mal et des ressources pour le détruire, la commune la plus défavorablement placée y gagnerait encore, je pense que le reproche d'injustice serait détruit.

Or, il est facile à comprendre sans calculs, qu'en établissant des centimes additionnels pour l'entretien des chemins de première clâsse dans chaque commune à part, il y aurait, en additionnant toutes les communes d'un canton, une moyenne que chacune à part devrait approcher de très-peu de chose. Qu'ainsi, en établissant la même quotité d'impôts, aucune commune ne pourrait être sensiblement lésée.

Mais quand on considère l'avantage que cette réunion produirait pour toutes, il me semble qu'il ne doit plus rester d'hésitation à l'opérer.

Il y a plus; c'est par cette réunion seule qu'on obtiendra de bons chemins vicinaux dans les traversées des villages, qui sont pour la plupart d'affreux cloaques dans la mauvaise saison. Outre les causes communes à tous les chemins vicinaux, les traversées de villages sont encore soumises à toutes les dégradations, anticipations, dépôts de toutes espèces de la part des riverains, que l'autorité de la commune tolère, soit par ignorance, soit de crainte de se faire des ennemis.

Eh bien, par cette réunion des communes d'un canton, il y aurait une direction supérieure qui ordonnerait ce qui est nécessaire, et détruirait sans beaucoup de peine tout ce qui empêche l'établissement des chemins dans les traversées.

Cette réunion de communes d'un canton, pour tout ce qui a rapport aux communications, serait une source de beaucoup d'améliorations, et éviterait de grands embarras et des tiraillemens quand il s'agit de réparations de ponts. Les enquêtes continuelles à ce sujet, du résultat desquelles presque toutes se plaignent, seraient évitées pour les ponts sur les chemins de première classe pour les communes du canton. S'il s'agissait d'appeler un autre canton à contribuer, la chose serait également facile.

Des questions bien intéressantes se présentent pour l'établissement de cette réunion par canton. Ces questions tiennent surtout à la direction et à la surveillance. Elles seraient trop longues à traiter ici à fond.

Tout ce qui tient aux chemins vicinaux , comme à tous les objets communaux sous la surveillance de l'administration supérieure , a besoin d'être établi sur des bases solides et des règles fixes , et d'être soustrait à ces oscillations perpétuelles , résultant du séjour des préfets et autres administrateurs qui arrivent et partent comme des oiseaux de passage. Les affaires communales doivent être soustraites à ce calcul d'ambition et aux caprices ministériels , si on veut que le peuple prenne confiance dans le Gouvernement; car quelque beaux que soient les principes de notre Gouvernement, ils ne seront rien pour le peuple, s'il continue à être ballotté suivant les vues ou les caprices d'administrateurs passagers.

———

CONCLUSIONS.

Arrivé à la fin de mon exposé, je vais encore jeter un coup d'œil sur l'ensemble de l'ouvrage. Le sujet si essentiel au bien-être de la société, dont je viens de m'occuper, sera, je pense, un passe-port pour le fruit de mes réflexions et de mon expérience. J'espère qu'il sera lu par cette raison. La tendance générale des esprits est d'ailleurs portée vers les choses d'une utilité réelle : ainsi je puis espérer de porter l'attention sur cet objet, qui est sans contredit le plus intéressant, celui qui touche tout le monde et à chaque instant.

La mise en pratique de mon système formerait une révolution dans la marche de l'administration la plus vaste de France, toucherait aux idées du corps le plus savant et le plus estimé, à des préjugés, autant qu'un pareil corps peut en avoir, à des opinions fondées sur plus ou moins d'expérience et de préventions.

Ainsi, je dois m'attendre à être peu écouté, peut-être à voir quelques dédaigneux sarcasmes traiter de rêverie et d'utopie inadmissible ce qui dans ma profonde conviction est le seul moyen de détruire le mal dont tout le monde se plaint et a droit de se plaindre.

Cependant, que l'on réfléchisse à l'importance des sommes sur lesquelles il s'agit d'obtenir une économie d'environ 25 pour cent, dans un moment où le fardeau de l'impôt est accablant ; que l'on considère que précisément l'objet que je traite doit alléger ce fardeau par de meilleures communications ; que l'on pèse l'effet moral qui résulterait 'de l'amélioration de cette branche de l'administration qui donne au peuple la mesure de la sollicitude du Gouvernement! Ces considérations me font espérer qu'on ne rejettera pas mes propositions sans examen.

La tendance actuelle des esprits étant dirigée vers les perfectionnemens, on peut intéresser facilement les hommes à la réussite d'une chose; on peut obtenir un concours de beaucoup d'individus marchant vers ce but de perfectionnement : concours avec lequel on fait des pas de géant là où on ne croyait pouvoir avancer.

C'est ce concours d'intérêts et d'efforts qui a produit en France en peu de temps ces établissemens industriels qui ont bientôt rivalisé avec ceux des autres nations.

C'est de cette manière que je conçois l'application de mon système par ces associations dans lesquelles on met en commun l'intelligence, l'activité et l'argent, de manière à suppléer à l'un par l'autre et à soutenir l'un par l'autre.

De cette manière chacun trouve sa place, et profite, selon son mérite, de son intelligence.

Il est suffisamment démontré et reconnu qu'une administration publique ne peut obtenir dans l'emploi des bras les mêmes résultats que des particuliers; que les employés d'une administration, en faisant leur devoir, restent toujours au-dessous des hommes intéressés directement à l'activité d'un mouvement d'industrie.

Il existe aussi un préjugé, assez général, sur ce que l'argent qui se trouve dans le trésor public ne doit pas être économisé, que pourvu qu'on l'en tire, n'importe pour quel emploi, c'est tout ce qu'il faut. On ne voit pas que le bon emploi est dans tous les cas chose désirable et productive, et que le bon emploi des fonds est une augmentation de bien-être général.

Un autre préjugé admet que le fardeau de l'impôt n'est pas aussi pesant qu'on le dit; que la circulation des sommes payées en impôts porte la vie dans le corps social. Cela serait vrai jusqu'à un certain point, si cette circulation était aussi grande qu'elle pourrait l'être, si elle se faisait par les canaux qui y font participer le plus grand nombre d'individus.

La centralisation, ce grand sujet de controverse, serait résolue dans le système que je propose; car il est clair qu'elle ne pourrait pas lui nuire; que ces nombreuses formalités à laquelle elle entraîne l'administration des ponts et chaussées, n'arrêteraient plus les travaux des routes qui seraient soumis aux entreprises à forfait; que les retards des budgets, des crédits, des annonces de fonds, etc., ne produiraient plus ces retards, souvent désastreux, toujours nuisibles à un service qui doit marcher avec des soins constans, sans temps d'arrêts, qui détruisent en un jour le bien de la veille.

D'après ces considérations, j'ai la conviction que, quel que soit le sort réservé à mon système en ce moment, il ne tardera pas long-temps à être admis, puisqu'il est dans la marche naturelle des progrès de l'industrie.

C'est donc avec une entière confiance, non pas dans le présent, mais dans un avenir peu éloigné, que je livre au public le fruit de mon expérience et de mes réflexions.

POST-SCRIPTUM.

J'ai suivi dans mon travail la marche contraire à celle qu'on suit d'ordinaire et que j'aurais dû suivre.

Après avoir écrit mon système sans trop savoir ce que j'en ferais, et m'étant décidé ensuite à le publier, j'ai dû nécessairement m'enquérir si mes idées n'avaient pas été déjà publiées dans d'autres ouvrages. J'ai donc pris connaissance de tous les ouvrages récemment publiés que j'ai pu me procurer.

Dans les notes ci-après j'ai indiqué les auteurs qui ont présenté des idées que j'ai trouvées conformes ou opposées aux miennes, en m'appuyant des premières et en combattant encore en quelques mots les secondes.

Au résumé, après avoir pris connaissance de tous les documens que j'ai pu recueillir, je n'ai rien trouvé à changer à mon exposé, et je suis encore convaincu que mon système est le seul qui réunisse tous les avantages répandus dans d'autres, et surtout le seul dont l'exécution n'a pas besoin de nouvelle sueur du peuple.

NOTES.

Note *A.* **Dans** l'excellent Essai sur l'entretien des routes en empierrement, de M. Lemoyne, on trouve la proposition suivante : « Que l'entretien relatif est d'autant plus coûteux, « qu'on entretient une meilleure viabilité. » Elle est sans doute vraie, après le point d'une viabilité que nous considérons comme satisfaisant, et tel que sont à présent moyennement les routes royales (Bas-Rhin). Les curemens fréquens et dispendieux qu'il propose, et eu égard à ce que les boues à un certain point et la poussière servent aussi à l'entretien, ne laissent pas de doute sur la vérité de sa proposition.

Mais comme il est présumable que, dans la première période de dix ans pour laquelle mon système lierait l'administration, nous ne serons ni trop exigeans, ni malheureusement assez riches, pour avoir des routes curées et dans l'état indiqué par M. Lemoyne pour sa première catégorie, mon système n'est pas dans le cas d'être modifié à cet égard pour le moment. Ses catégories et ses indications sur la tolérance, quant aux flaches, peuvent s'appliquer parfaitement à mon système.

Tous les détails qu'il donne là-dessus sont bien raisonnés, et les conséquences en sont généralement bien déduites ; mais son objet principal ne peut entrer dans notre système, car les curemens que nous aurons à faire, sont considérés seulement comme dans l'intérêt de l'entretien, conséquemment comme opération économique et non comme luxe de propreté ou de facilité pour le roulage.

Note *B.* M. Berthaux-Ducreux dit : « Nous avons dit plu- « sieurs fois dans le cours de cette notice, qu'une diminution « dans la largeur des routes et la suppression totale des ac- « cotemens, étaient deux conditions indispensables de leur « rétablissement économique. »

Il dit ailleurs : « Leur largeur, qui dépend uniquement de la fré-

« quence de la circulation, doit être généralement comme suit :

« Pour les chemins vicinaux de 6 mètres ; les routes dépar-
« tementales de 7 mètres ; pour les routes royales de 8, 9 et
« 10, et pour les abords des villes de 11 à 12. »

Plus loin il dit : « Qu'il faudra pour les améliorations qu'il
« indique, ajouter 2500 francs aux 2000 environ qu'on alloue
« par lieue de route royale de la dépense actuelle, » et termine
en exprimant sa *profonde conviction qu'on ne pourra parvenir
d'une manière plus économique et plus sûre à changer nos détes-
tables chemins en routes excellentes.*

D'accord avec cet auteur sur la nécesssité et l'économie du
rétrécissement des routes (les chemins vicinaux peuvent, à
mon avis, être bien moins larges qu'il ne l'indique[1]), je
n'aurais pas publié mon opinion à ce sujet, si je n'avais eu
d'autre conclusion que lui sous le rapport de la dépense ; car
la question n'est pas de faire de belles et de bonnes routes à
tout prix, mais bien de les rendre telles avec une somme fixe
et bornée comme le budget actuel.

Certainement les opérations qu'il propose amèneraient de
très-bonnes routes, et sa savante notice fourmille de bons
moyens techniques pour y parvenir ; mais sa conclusion, c'est
de demander les 200 millions qu'on demande depuis long-
temps, que je crois à la vérité nécessaires dans le système actuel : ainsi, pour avoir de bonnes routes, il n'y aurait qu'à
se préparer aux barrières et aux emprunts. Or, cela me paraît
une mauvaise solution du problème.

M. Berthaux-Ducreux, dans sa suite de la Notice sur les
routes, a longuement et savamment traité la question du roulage. Je n'ai pu me ranger de son avis, quoique j'y fusse dis-
posé par sa bonne manière de poser le pour et le contre.

Je ne puis résister à poser ici quelques questions à ce sujet.

Les ponts à bascule ou même les moyens moins coûteux,
proposés par divers ingénieurs, peuvent-ils se multiplier assez
pour en obtenir un véritable résultat, sans retomber dans
ces dépenses énormes qu'on ne peut faire ?

---

1 Voir cet article, p. 93.

Tous les moyens qu'il faudrait employer dans le système des péages pour obtenir un résultat, ne seraient-ils pas infiniment plus fâcheux pour la classe que cela touche, que dans celui de la quantité limitée des chevaux ?

La solution de ces questions et de beaucoup d'autres, me paraît en faveur de ce dernier. D'ailleurs son établissement n'entraîne à aucune dépense.

Quel que soit le système admis pour le roulage, les entreprises à forfait sont les seuls moyens de le soutenir ; c'est par elles seules que la routine pourra être détruite et les réglemens exécutés.

Note C. M. Lemoyne, pour ses trois premières catégories, dit : « Il faut accorder une latitude dans le budget, ou mettre « l'*entretien à forfait* [1]. Dans les deux dernières l'état de la « route n'est pas défini ; il dépend des budgets, et on ne « peut pas adjuger l'entretien à forfait ni le concéder. »

Cette opinion vient à l'appui de mon système. Il reconnaît avec moi que l'entreprise à forfait peut seule produire le même effet qu'un budget illimité et très-élevé. Ce point reconnu, il sera reconnu aussi que pour les routes à réparer, et à plus forte raison, l'entretien à forfait doit être le plus économique.

Les détails que je donne sur les facilités qu'a l'entrepreneur sur l'administration ne peuvent laisser aucun doute à cet égard ; ces avantages sont dans la proportion de la main d'œuvre.

M. Lemoyne dit ailleurs : « Les catégories doivent faire « réussir les entreprises à forfait. » Ainsi il a effleuré cette idée avant que je ne l'eusse produite. Quant à moi, je suis bien aise d'avoir à m'appuyer de son autorité, et quoiqu'il n'ait donné à cette idée aucun développement, il reconnaît que l'entreprise à forfait est ce qu'il y a de mieux ; cela me suffit.

L'ouvrage de M. Lemoyne est un grand progrès vers le bon entretien des routes par ses définitions mathématiques de leur état et par ses catégories. Il détruit la grande objection

---

[1] Table analytique, p. 165.

qu'on aurait pu opposer à mon système. Si j'avais connu cet excellent ouvrage, j'aurais probablement publié le mien plus tôt, puisqu'il répond parfaitement aux objections réelles auxquelles j'avais à répondre et qui m'embarrassaient. J'ai donc supprimé tout ce que j'en avais dit, pour renvoyer à cet ouvrage.

M. Lemoyne dit encore, page 79 : « Au reste, remarquez « déjà que les catégories pourraient servir aussi pour impo- « ser des obligations précises à un concessionnaire ou à un « entrepreneur à forfait de l'entretien d'une route. Si on ne « veut pas de budgets indéfinis, on n'en aurait point par le « moyen de ces concessions ou *entreprises à forfait.* »

Et ailleurs, page 116, article 204 : « Peut-être aussi qu'on « mettra les entretiens à l'entreprise ; cela doit être sans in- « convénient lorsqu'on peut définir l'état des routes, et que « les bornes de repère [1] empêcheront les entrepreneurs de « laisser les chaussées diminuer d'épaisseur. »

Plus loin, page 120, article 214 : « Notre but constant, « dès les premières pages, a été l'*établissement des catégories* « *de routes qui permettent d'instituer un système quelconque de* « *responsabilité.* »

Ici M. Lemoyne, comme tous les auteurs, parle de responsabilité ; il parle ailleurs de responsabilité pécuniaire à imposer aux ingénieurs, parce qu'il a très-bien senti la nécessité d'en établir une.

Cette responsabilité qu'il cherchait, il l'avait trouvée au moyen de ses définitions exactes sur l'état des routes.

L'entrepreneur à forfait est, selon moi, le seul qui puisse présenter cette responsabilité pécuniaire si nécessaire, par les raisons que j'ai exposées chapitre XI.

Note *D.* M. Levaillant de Bovent dit : « Le système des « abonnemens pour l'entretien des routes a déjà été essayé « à diverses reprises et diverses manières, et jamais on

---

1 Il serait sûrement désirable d'avoir des bornes de repère comme il les indique ; mais, à cause de la grande dépense, on pourrait bien commencer par se contenter de moellons posés à fleur de l'accotement. L'entrepreneur les fournirait à ses frais.

« n'a pu en obtenir un bon résultat. C'est une source de
« discussions continuelles pour procurer le *bon état* toujours
« prescrit par le cahier des charges et qu'on n'établit jamais,
« l'administration ayant sans cesse à lutter contre la négli-
« gence ou la cupidité et la mauvaise foi des entrepreneurs,
« etc. (page 11). »

Je n'ai encore eu aucune connaissance des essais du système d'abonnement, indiqués dans cet ouvrage. Ses objections
me paraissent sans fondement après ce que nous avons indiqué sur la définition du *bon état*, après avoir indiqué, avec
M. Lemoyne, les moyens géométriques de connaître et de
constater ce *bon état*.

Quant aux objections concernant les entrepreneurs, elles
sont sans doute vraies, parce que les essais en question paraissent avoir été faits il y a long-temps, avant d'avoir acquis
les lumières qui se sont répandues depuis peu, quand rien
n'était compris encore sous ce rapport ; que les ingénieurs,
et à plus forte raison les entrepreneurs, ne savaient fixer les
bases du bon entretien ; qu'on croyait que l'entretien consis-
tait uniquement dans une certaine quantité de matériaux
mis sur la route sans choix et sans discernement. Ce temps
n'est pas encore si éloigné.

Si on veut parler des cantonniers adjudicataires, créés par
le décret du 16 Décembre 1811, cette objection est entièrement nulle. Le fait prouve seulement qu'en 1811 on n'avait
encore sur l'entretien des routes aucune notion raisonnable ;
car, pour la responsabilité qu'emporte le bon état d'entretien d'une route, ce n'est pas un pauvre ouvrier qui peut la
garantir. Il serait sans doute superflu de prouver que c'était
un moyen absurde et sans autre résultat que de la fraude et
du gaspillage.

M. Levaillant dit encore : « Il a été reconnu que ce n'était
« le plus souvent qu'à la fin des baux de cette espèce, lors-
« qu'il fallait en venir aux réceptions définitives pour leur
« renouvellement, qu'on parvenait quelquefois et pour un
« moment seulement, à l'exécution des obligations contrac-
« tées, ce qui entraînait presque toujours ou la ruine de ces

« routes, ou celle des entrepreneurs, par les fortes dépenses
« qui tout à coup tombaient à leur charge. »

Après ce que j'ai dit sur les avantages d'un entrepreneur à
forfait avec les conditions et les précautions indiquées, après
que je crois avoir prouvé ces avantages et les moyens de lui
faire remplir les conditions, je crois qu'il est inutile de rechercher encore d'autres moyens de réfuter l'opinion que je
viens de citer. J'ai dû la citer, parce que c'est la seule que j'aie
trouvée (excepté ce que j'ai dit de M. Lemoyne) sur ce système.

Ce plaidoyer en faveur du mode actuel, de la part d'un
ingénieur, est assez naturel ; mais je crois qu'il ne détruit aucune de mes objections.

Sur le système des abonnemens il dit encore « que l'admi-
« nistration avait sans cesse à lutter contre la négligence ou
« la cupidité et la mauvaise foi des entrepreneurs. » Mais suivant le mode actuel, n'avez-vous pas à lutter bien davantage
contre tout ce que vous leur reprochez dans le système des
abonnemens? Cette lutte n'existe-t-elle pas constamment pour
tous les détails de qualité de matériaux, cassage, emmétrage,
etc., non-seulement avec les entrepreneurs de mauvaise foi,
mais avec tous ; parce qu'ils sont responsables des fraudes
d'ouvriers et de voituriers, chez lesquels malheureusement elles
sont inévitables, si elles leur profitent.

Cette lutte contre les entrepreneurs est donc inévitable,
précisément dans le mode actuel, même envers ceux qui ne
sont pas de mauvaise foi. Je sais que MM. les ingénieurs sont
toujours en défiance contre eux ; cependant j'ai fait des entreprises de toutes espèces et sous plusieurs ingénieurs distin-
gués, sans avoir donné à aucun le droit de me reprocher la
fraude provenant de mon fait et devant me profiter, tandis
que j'ai eu à supporter ces reproches pour ceux pour lesquels
je garantissais.

Dans le système d'entretien à forfait, au contraire, l'entrepreneur est intéressé sous tous les rapports à exécuter ses conditions et à tenir la route en bon état et tel qu'il est défini ;
il aurait lui-même des commis et des ouvriers responsables
jusqu'à un certain point, surtout dans leur intérêt. Ainsi dis-

paraîtraient cette lutte et ces suspicions de MM. les ingénieurs envers les entrepreneurs, au point qu'ils pourraient le devenir eux-mêmes sans crainte de faire le sacrifice de leur loyauté (à laquelle ils ne tiennent pas seuls), si l'indépendance leur plaisait plus que la considération d'appartenir au corps des ponts et chaussées.

Note *E*. M. Vallée dit à la fin de son discours préliminaire : « Concéder à des compagnies l'entretien de tous les grands « chemins de France, c'est doubler ou tripler le budget des « ponts et chaussées, et compromettre entièrement la viabi- « lité de nos routes. » J'ai vainement cherché dans l'ouvrage ce qui a pu motiver cette opinion ; je n'y ai trouvé que la preuve déjà acquise que, pour la concession des canaux et autres ouvrages d'art, on avait oublié les intérêts des contribuables dans les stipulations vis-à-vis des concessionnaires, et qu'au lieu d'entrepreneurs, on n'a eu par suite que des bailleurs de fonds ; qu'ainsi on n'a fait que des emprunts onéreux à l'État, sans obtenir aucun des résultats qu'on peut tirer des entreprises à forfait, qui à la vérité présentent de grandes difficultés pour les ouvrages d'art, tandis qu'elles n'en présentent aucune pour les routes.

Qu'enfin, de ce qu'on n'a employé des entreprises à forfait que le mauvais côté, on aurait tort de les rejeter et de conclure qu'elles ne peuvent être utiles.

Note *F*. Pour tout ce qui a rapport aux fossés, mes idées se trouvent presque entièrement conformes à celles de M. A. R. Poloncéau, exposées dans un ouvrage publié déjà en 1829. J'aurais été bien aise qu'elles fussent entièrement neuves, comme je le croyais ; mais d'un autre côté je suis bien aise que ce que je propose soit appuyé par un ingénieur dont l'ouvrage contient beaucoup de bonnes choses que je pourrais citer à l'appui de quelques-unes de mes propositions. Il n'en est pas de même de son avis sur les péages qu'il préconise, et que, tout en convenant que ce serait le moyen le plus juste de faire payer la dépense des routes, je ne puis admettre d'aucune manière.

FIN.

TABLE DES MATIÈRES.

Figure 3.

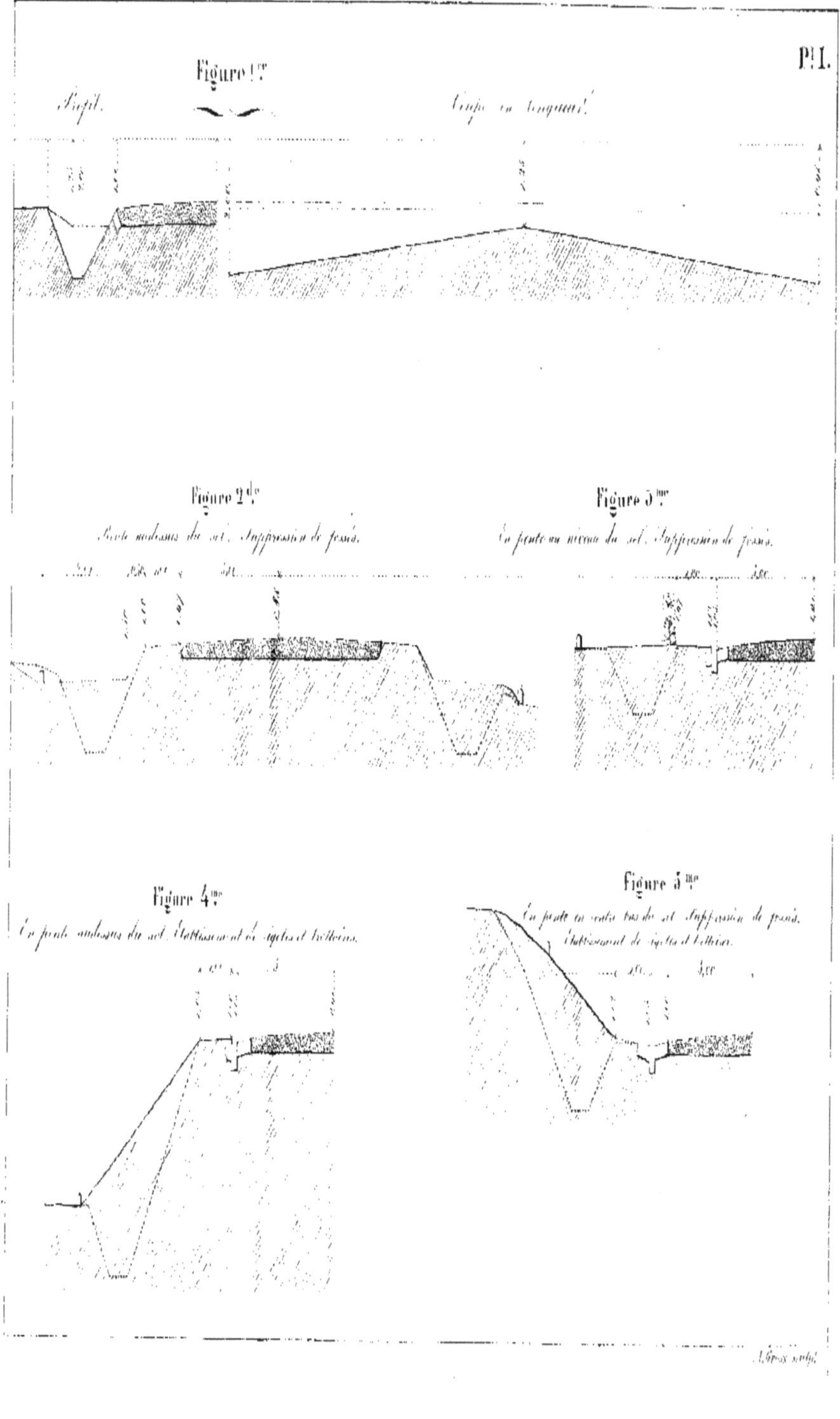
Pl. 1.
Figure 1er.
Profil.
Coupe en longueur.
Figure 2de.
Figure 3me.
Figure 4me.
Figure 5me.

Pl. II.

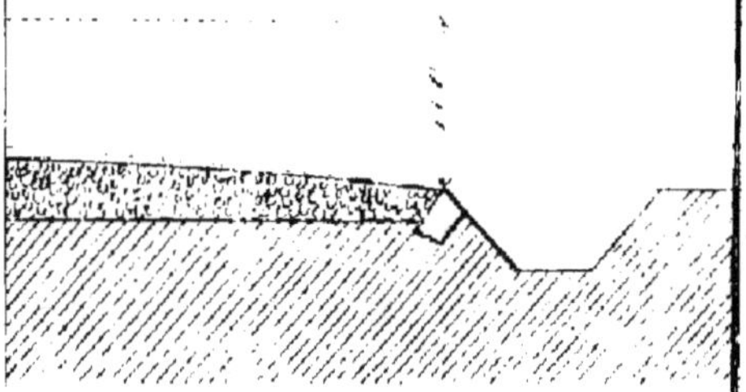

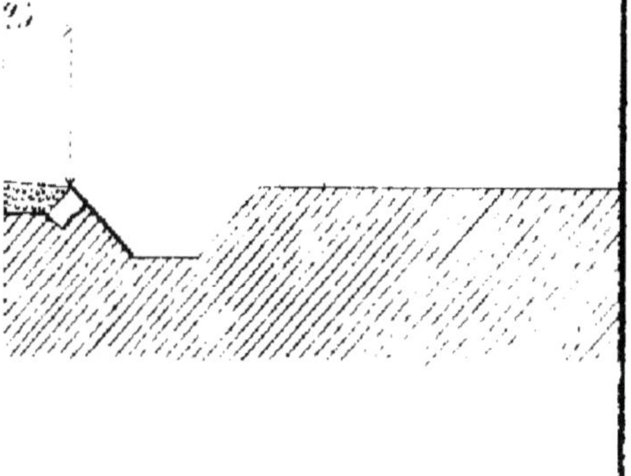

A. Gruss sculp.

ROUTES JUMELLES

Pl. II.

Figure 1re

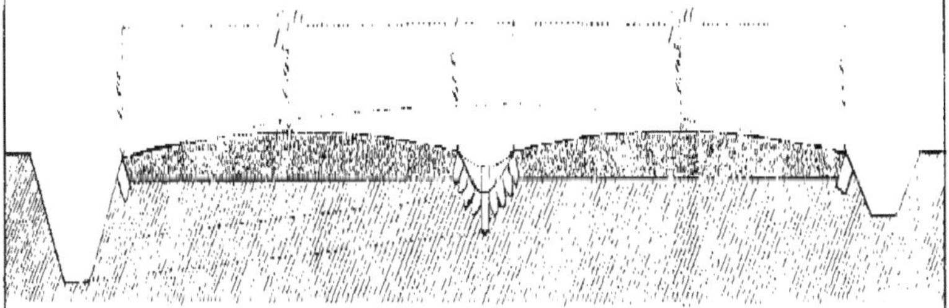

Figure 2de

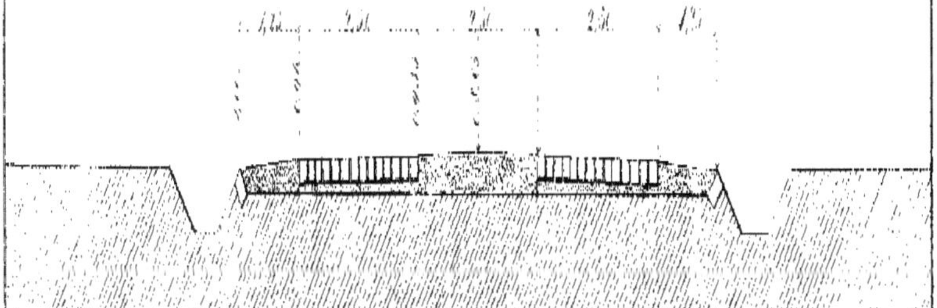